LACAN ◆ NIETZSCHE

LACAN ◆ NIETZSCHE

CARLOS ALBURQUERQUE

Número de Control de la Biblioteca del Congreso de EE. UU.:   2017901326
ISBN: Tapa Blanda   978-1-5065-1865-7
                      Libro Electrónico   978-1-5065-1869-5

Foto de autor por Constancio García Rodríguez.

Información de la imprenta disponible en la última página.

Fecha de revisión: 31/01/2017

Para realizar pedidos de este libro, contacte con:
Palibrio
1663 Liberty Drive
Suite 200
Bloomington, IN 47403
Gratis desde EE. UU. al 877.407.5847
Gratis desde México al 01.800.288.2243
Gratis desde España al 900.866.949
Desde otro país al +1.812.671.9757
Fax: 01.812.355.1576
ventas@palibrio.com
756659

ÍNDICE

Reconocimiento

Este libro es producto de la tesis doctoral en filosofía que realice bajo el auspicio de la beca para estudios de posgrado del CONACYT en el Programa de Maestría y Doctorado en Filosofía de la UNAM, bajo la tutoría del Dr. Herbert Frey Nymeth y la asesoría de los doctores: Dra. Lizbeth Sagols Sales, Dra. Zenia Yébenes Escardó, Dra. Leticia Flores Farfán y el Dr. Alfonso Herrera Díaz, al que le debo entre otras muchas cosas, la idea de publicar mi tesis.

Introducción

Lacan al ser heredero de la tradición de la crítica a la moral, fue tajante en manifestar la necesidad "de salvar al psicoanálisis de los psicoanalistas mismos". El psicoanálisis de la misma manera que la filosofía de Nietzsche es la búsqueda del desenmascaramiento, de romper con la ilusión que nos presenta la ideología constituida por ídolos en sus múltiples figuras del gran Otro: el Estado, la Religión o la Ciencia, donde el psicoanálisis no debe de caer en el dogmatismo de pretender conocer toda la verdad, en la creencia de un sujeto que sabe, más bien que debe siempre mantenerse en lo "supuesto" de ese saber para realmente permanecer crítico y al igual que Nietzsche ser fiel a la tradición de la *moralistica* francesa cuyo origen se encuentra en Montaigne. El psicoanálisis y la filosofía de Nietzsche pertenecen a la tradición que denuncia que la verdad no se puede decir toda, sólo se puede acceder a ella parcialmente, es decir bajo una perspectiva. De la misma manera la finalidad de la cura analítica es librase de los ídolos con el aniquilamiento de la transferencia, ¿no es esto acaso lo que nos muestra Nietzsche al enseñarnos a ser espíritus libres? Hacernos cargo de nosotros mismos, en no necesitar de Dios y no por ello sentirse desvalido, huérfano, sino de volverse uno su propio padre.

Cuando Lacan escribe *Kant con Sade* se da cuenta que el imperativo categórico funciona como operador lógico de la perversión y que éste se encuentra muy lejos del lugar del placer –como algo placentero- si no en un más allá superyoico que lleva al sufrimiento. La crítica a Kant que hace Lacan, nos parece que es totalmente nietzscheana, ya que lo que Nietzsche dice es cambiar el deber por el querer y el querer por la creación. En las tres figuras de la transformación del hombre, el camello que carga con los valores, el león que los destruye y el niño que los crea, nuevos valores, valores para la vida, para el disfrute del juego del niño. Este niño cuya indeterminación marca lo real de la existencia como aquello que no puede ser dominado por el orden simbólico, en tanto pulsión dionisiaca, que en Nietzsche es valorizada como el sostén de una nueva "est-ética".

La ética nietzscheana es una ética del cuerpo y nos parece que también es ahí donde hay un eco con Lacan al plantear el plus-de-goce como finalidad de la cura, buscar la singularidad del placer-dolor como manera de superar la neurosis y el masoquismo, encontrar el placer en la castración, que es lo mismo que planteaba Epicuro con el hedonismo, debido a que la palabra en griego *hedone* ya conlleva un límite al placer, y es en ese límite donde se puede disfrutar. Lo que nos lleva a desear lo que podemos alcanzar, aprender a no querer lo que nos cause frustración y aceptar el dolor de la vida sin sufrimiento. ¿No es este acaso el final de análisis?

Así mismo hemos encontrado en la teoría "del eterno retorno de lo mismo" y la compulsión a la repetición freudiana una problematización interesante. Observamos que, para Nietzsche "el eterno retorno" es poder asumir la vida sin queja, es desear repetir todo como ha sucedido, es asumir la vida trágicamente con valentía de decisión y con alegría de vivir porque se ha aceptado lo contingente. En Freud la compulsión a la repetición es un mecanismo neurótico que requiere del sufrimiento para calmar la angustia hacia lo contingente, utilizando para ello el ritual obsesivo como forma de protección, un pago para no afrontar la libertad de la vida. ¿Quizás el eterno retorno no es una analogía de la compulsión a la repetición freudiana, sino su reverso?

Lacan ◊Nietzsche es el reverso filosófico de la moral occidental y sin embargo permanece fiel al canon ético de occidente, cuyo origen se encuentra en Platón, pero quizás más radicalmente en la sofistica griega, aquella tan vituperada por la academia, lo que nos lleva a reflexionar sobre el lugar de exclusión que se produce ante la denuncia de la ilusión, base de partida para poder diferenciar los hechos –los cuales siempre serán sólo interpretaciones -de la verdad subjetiva, la única realmente autentica.

Capítulo 1.- Lo-cura de Nietzsche

Dios ha muerto: Firmado Nietzsche.
Nietzsche ha muerto: Firmado Dios.

Inscripción mural en Vincennes

"Yo no soy un hombre, soy dinamita". Así reza Nietzsche (2011:151) en el *Ecce homo* para describir su naturaleza profundamente explosiva, explosión que aspira apagar con su poder el lento arder de un alma atormentada por el dolor de vivir, y sin embargo este hombre que sufre física y espiritualmente supo a través de su genialidad construir un refugio ante ese dolor, creando con ello una fisiología ética para los siglos venideros. Ética del deseo, deseo de superar al Hombre.

Nietzsche llevó hasta sus últimas consecuencias un análisis de su propia psique que se aprecia en su filosofía. Con la valentía del héroe trágico que ante su destino funesto sonríe interpelándolo, supo acallar el dolor y gritar de dicha desesperada a través de su obra que nos educa – a manera de un evangelio antievangélico – acerca de la estética de la vida por vía de la ética del dolor. Empresa que llevó a Nietzsche a la inmortalidad como pensador pero al ostracismo personal. Nietzsche desasosegado buscaba algunas pocas personas con quien poder hablar o que pensarán como él ¡quizás no había más

1

remedio! la medicina de su filosofía debía de llevar un efecto secundario amargo: la frustración de no ser comprendido por el Otro.

Se paga caro el ser inmortal: se muere a causa de ello varias veces durante la vida. –Hay algo que yo denomino *rancune* (rencor) de lo grande: todo lo grande, una obra, una acción, se vuelve, inmediatamente de acabada, *contra* quien lo hizo. (Nietzsche, EH, 2011a:123-124)

Pero no es ésta una crítica al Maestro del Eterno Retorno sino un intento de psicoanálisis, es decir poner en el diván a Nietzsche, no para explicarlo –cosa anti analítica- sino para que él nos explique, nos muestre en su discurso su demanda al Otro y su cura que podríamos nombrar: "psicoanalítica", ya que el propio Freud reconoció en Nietzsche al primer psicoanalista.

Efectivamente en Nietzsche se desarrolló una cura, la cual no permitió que su enfermedad acabará con su espíritu, que su sufrimiento le dio sentido a su obra y su obra nos otorgó el sin sentido del sufrimiento del mundo.

¿Podemos utilizar a Lacan que ha pasado por el Freud nietzscheano y usar el método psicoanalítico para analizar al sujeto Friedrich Nietzsche y su relación sintomática con su obra para avanzar donde Nietzsche tuvo que detenerse debido a su colapso mental? Nuestra patografía no busca hacer un vulgar diagnóstico psiquiátrico sino por el contario partir del pensamiento del propio Nietzsche como método diagnóstico, el cual examina las condiciones que permitieron el surgimiento de una obra "extrema", que destruye la moral occidental y al mismo tiempo da a luz a un nuevo hombre, el Superhombre nietzscheano. ¿Qué pudo haber ocurrido en la mente de este humilde profesor de filología, educado en las costumbres burguesas y descendiente del protestantismo más ortodoxo para proclamar con la fuerza de un titán la muerte de Dios?

Herbert Frey (2001) ha mostrado la necesidad de conocer la vida de Nietzsche como clave de su obra y como única manera de poder asimilar el sentido de su filosofía. La vida y obra de Nietzsche se entretejen en su filosofía siendo ella una misma "textualidad". Así Nietzsche en relación a su egoísmo filosófico, es decir a la expresión de su yo inflamado de sabiduría vital nos dice:

> El uno es necesario –dar 'estilo' al propio carácter, un arte grande e infrecuente. Lo practica aquel que tiene una visión completa de todo lo que le ofrece su naturaleza en fortaleza y debilidad y luego las integra a un plan artístico, gracias al cual ambas se manifiestan como arte y razón, y aun la debilidad cautiva la mirada.[1]

Relacionaremos este párrafo de Nietzsche con la frase de Buffon "El estilo es el hombre mismo", que

---

[1]   Friedrich Nietzsche citado por Herbert Frey en *Nihilismo y arte de la vida. Entre Montaigne y Nietzsche*, Revista ITAM, 2011, México, p.45.

tiene a bien introducir Lacan en su obertura de sus *Escritos* y su autor nos invita a impugnar al respecto:

> ¿Suscribiríamos la fórmula: el estilo es el hombre, con sólo prolongarla: el hombre al que nos dirigimos? Eso sería satisfacer ese principio promovido por nosotros: que en el lenguaje, nuestro mensaje nos viene del Otro y, para anunciarlo hasta el final: bajo una forma invertida (Lacan, *E* 2001:3).

¿No es esto acaso la manera más lucida de comprender el lugar que ocupa la filosofía de Nietzsche como el mensaje invertido del Otro? ¿No fue Nietzsche en su vida una persona compasiva y afligida por la enfermedad, por la debilidad y por la soledad, quien se reveló ante estas características que percibía como un síntoma de la *décadence,* ya no en sí mismo, sino en la cultura occidental? Ese Otro cuya carencia, Nietzsche intuye en su persona, la cual es proyectada hacia la cultura como manera de superar –no evadir – la castración simbólica. De manera que Nietzsche no es un perverso, sino un espíritu torturado por el lenguaje. Aquel Otro que determinaba su vida y que lo pudo llevar a su destrucción subjetiva impulsándolo quizás al suicidio, sino en su genialidad, la que lo inspira a salvarse castrando al Otro, es decir introduciendo la falta en el universo simbólico. Restituyendo con ello el sentido trágico, como manera de darle un nuevo sentido a su existencia. Aquí yace la inversión del mensaje del Otro que en el contexto familiar y cultural de Nietzsche se traduciría lacanianamente en el siguiente mandato: "¡eres culpable de tu deseo!" a lo que Nietzsche/Lacan contestaría: "de lo único que podemos ser culpables es de retroceder ante él".

Nietzsche tiene cinco años de edad cuando muere su padre, este hecho marcará su vida y su obra como respuesta terapéutica a su dolor de vivir. La enfermedad de su padre fue un acontecimiento sumamente traumático para el pequeño Nietzsche debido a que su padre, aquel hombre idealizado como "El Padre" cuya influencia gobernaba la casa Nietzsche, se había derrumbado en la demencia produciendo terribles alaridos provocados por los inmensos dolores, el diagnóstico médico: reblandecimiento cerebral (necrosis aguda o crónica del cerebro, provocada por una hemorragia, arteriosclerosis, trombosis, etcétera). Las consecuencias suelen traducirse en pérdida o disminución de la conciencia, hemiplejia en mayor o menor grado y degeneración de las funciones cerebrales según la zona afectada. Este hecho se quedaría grabado en el fantasma psíquico de Nietzsche como una macabra premonición de su muerte, como el legado necrótico paterno, causa de su debilidad física. Por ello Nietzsche necesitó de una filosofía que compensara su enfermedad y le procurara una "gran salud" y al mismo tiempo funcionara como *sinthome* o sostén subjetivo ante la deuda simbólica de debilidad que su padre contrajo con él, al heredarle la enfermedad cuya dimensión perversa cristiana Nietzsche destruye, a manera de antídoto con su visión trágica de la existencia.

> Nosotros, los nuevos, innominados, difíciles de entender, nacidos prematuramente, de un porvenir aún no demostrado –necesitamos para un fin nuevo también un medio nuevo, es decir, una salud nueva, más robusta, avezada, tenaz, temeraria, y alegre que toda la salud que ha habido hasta ahora. (Nietzsche, *FW* 2014: 311-312)

Nietzsche se ha encargado de construir un nuevo sentido en el mundo, realista, material y brutal, pero sin duda verdadero. El universo de lo trágico nietzscheano es infinitamente menos pesimista que la fe cristiana que promete un final feliz fuera de la dimensión de la vida – un premio que no se puede cobrar, pero aun así se oferta como regalo – el planteamiento de Nietzsche es mucho más optimista de lo que se cree, no hay necesidad del premio, la vida es suficiente justificación.

Para Nietzsche en el núcleo duro de la realidad del mundo se ubica en la *tyche*[2] el azar, del destino trágico. Así mismo, la sabiduría de vivir sólo puede encontrarse y de hecho Nietzsche la encuentra en los filósofos de la vida, en los filósofos antiguos:

---

[2] Cuando hablamos de *tyche* se trata predominantemente de sucesos de la esfera humana. En Aristóteles sólo se puede hablar de azar o espontaneidad en caso de acontecimientos tales para los que también podrán ser causa la razón humana o la naturaleza (Düring, 2005: 377).

Llegará el tiempo en que preferimos, para perfeccionarnos en la moral y en la razón recurrir a las memorables de Jenofonte más que a la Biblia, en la que nos serviremos de Montaigne y de Horacio como guías que conduce a la comprensión del sabio, y del mediador más simple y más imperecedero de todos, Sócrates (...)[3]

Hay que aclarar que el Sócrates que rescata Nietzsche no es el Sócrates del banquete de Platón (al que Nietzsche está abiertamente en contra en tanto que le recuerda al cristianismo platónico engendrado por Pablo de Tarso) sino el Sócrates bailador del banquete de Jenofonte. "Sobre el fundador del cristianismo, la ventaja de Sócrates es la sonrisa que matiza su gravedad y esa sabiduría llena de travesura, que da al hombre el mejor estado de ánimo". [4]

Nietzsche se ha visto identificado y reinventado por esta vertiente de la filosofía antigua de la tradición del desenmascaramiento, tan cara a su proyecto filosófico y a su terapéutica del superhombre, que podemos encontrar su antecedente en la filosofía de los cínicos cuyo representante egregio es Diógenes de Sinope. Antecedente que comparten los espíritus libres de la tradición moralistica pasando por La Rochefoucauld, Montaigne, Freud y culminando con Lacan.

---

[3] Nietzsche citado por Pierre Hadot en *¿Qué es la filosofía antigua?*, Fondo de Cultura Económica, 2000, México, p.9.

[4] *Ibídem.*, p.63.

Ángelus Silesius en el siglo XVI, explicaría el concepto de *fatum* o Moira de Nietzsche– castración simbólica – cuando declara el primero: "Lo uno no es posible sin lo otro Dos son necesarios para realizarlo: yo no puedo sin Dios, Ni Dios sin mí, escapar de la muerte" (Silesius, Siglo XVI / 2005: 194). El *fatum* se crea partir de la castración del único Dios, en el caso de los antiguos griegos con la muerte de Cronos, lo que trajo consigo un nuevo mundo, en el caso del cristianismo con la crucifixión de Jesús, no en el sentido en el que el hombre-dios Jesús muere, sino como lo ha señalado Slavoj Žižek, la muerte de Dios acontece cuando Jesús se pregunta: "¿Padre por qué me has abandonado?" Frase análoga a la comentada por Freud en el capítulo siete de la *Traumdeutung* sobre el relato del sueño de uno de sus pacientes quien soñó a su hijo – el cual había recientemente fallecido y se encontraba siendo velado en una habitación donde una vela se había caído quemando el ataúd y al cadáver en el momento en que él dormía en un cuarto contiguo– el hijo se le había acercado en el sueño reclamándole con la siguiente frase lapidaria: "Padre que no ves que me estoy abrasando". Lo que muestra la castración del Otro y su resto que vuelve en lo real del sueño como respuesta al trauma del Ser-incompleto. Éste resto devela que el Padre siempre ha estado muerto, muerte que inauguró lo simbólico.

Una de las características esenciales de la moral judeo- cristiana es la figura del sufrimiento y el sentido que éste toma para el creyente. En la Biblia hay dos momentos fundamentales en relación al sufrimiento, el Libro de Job quien es sometido a innumerables penurias por la apuesta que entabla Dios con el Satanás y la del Nuevo Testamento con la crucifixión, donde Jesús le increpa a Dios, ambos se encuentran emparentados en el sinsentido del sufrimiento del ser humano. Uno por exceso de poder, el otro por impotencia. Tanto uno como el otro muestran la castración de Dios. Con Job la castración subyace en el abuso de poder y la necesidad de quedar bien por parte de Dios con Satanás. Es como si Dios negara afirmando: "Oye Satanás quieres ver que en verdad se me obedece y se me ama, *no es que necesite probarlo pero aun así...*" Denegación del Otro sobre sí mismo, parece que "Dios no cree en Dios" si él creyera en él no tuviera entonces que probarse a sí mismo. Este hecho es lo que hace que haya inconsciente como lo ha señalado Lacan. Y es también como lo ha mostrado Nietzsche, la necesidad del sufrimiento para dar sentido a Dios.

> Alejemos la suprema bondad del concepto de Dios: es indigna de un dios. Alejemos así mismo la suprema sabiduría –es la vanidad de los filósofos la que volvió culpable de esta extravagancia de un dios monstruo de sabiduría: debía parecérseles tanto como fuera posible. No, Dios el supremo poder – ¡ya basta! En él se origina todo, en él se origina el "mundo". [5]

Žižek (2005:173) afirma como los dos relatos tienen relación de complementariedad al plantear la incapacidad de Dios para detener el sufrimiento, debido a su castración. Así Job se regodea ante la siguiente idea: "hoy me toca a mí y mañana será el turno de tu propio hijo y no habrá nadie que interceda por él".

No es acaso el propio Nietzsche el que ha llevado hasta sus últimas consecuencias la necesidad terapéutica de ir más allá del Padre, de ir más allá de Dios, para reconstruirse a sí mismo y volverse un superhombre.

El primer recuerdo de la muerte de Dios aconteció en Nietzsche con la muerte de su padre, Nietzsche se pregunta: ¿qué clase Dios habría permitido la muerte terrible de su siervo, un predicador que esparcía la fe por ese Dios que en pago le ha mandado la enfermedad y la muerte? Nietzsche ha comenzado a los cinco años de edad a dudar sobre el sentido de Dios y el ideal cristiano y ha tenido la necesidad de un ensalmo, que no viniera del más allá sino no uno, cuya radicalidad le diera sentido al mundo. Para ello ha descubierto lo trágico como fundamento de la existencia, categoría filosófica forjada en la antigüedad helénica y romana cuyo representante clásico es el moralista Michel Montaigne. Aquel Otro necesario en el psicoanálisis de Nietzsche y de la misma manera en que Freud necesitó de Wilhelm Fliess para el atravesamiento de su fantasma y la instauración de la metapsicología freudiana.

Nietzsche ha fantaseado en ese Otro, encarnado por Montaigne como recurso especular para descifrar su deseo, deseo de poder, de pertenencia a una cuna noble, de una sangre pura y así ser parte de la genealogía de Dionisos donde Montaigne es su hermano privilegiado por el destino, hermano usurpador de su primogenitura de otra vida en la cual el sería Montaigne sino fuera Nietzsche.

Nietzsche es el pensador que ha señalado la impostura como la enfermedad de occidente, él ha mostrado la necesidad de la sospecha como método filosófico para desenmascarar al impostor: teólogo, filántropo, desinteresado, humilde, antisemita, alemán, rebaño, vulgar y cristiano.

La filosofía de Nietzsche es parte de las tres grandes teorías clínicas de la cultura, junto con la de Marx quien inventó el síntoma, según lo afirma Lacan y la de Freud, cuya teorización nos ha mostrado la fisura estructural de la naturaleza humana, la pulsión de muerte, concepto nodal para poder pensar los avatares del equilibrio socio-cultural debido a esta falla filogenética.

Nietzsche médico-filosofo, investigador capaz de ir más allá de las imposturas para mostrar la ficción de la verdad y la verdad de la ficción, atreviéndose a incursionar en lo que Descartes advertía no hacer: utilizar el método científico para la moral y la religión, las cuales debían ser según él dejadas a la tradición, a lo que nuestros tres pensadores (Marx, Nietzsche y Freud) hicieron caso omiso de esta advertencia y trajeron consigo "la peste", utilizando la frase de Freud –si hemos de creer en la anécdota de Jung del comentario de Freud, cuando llegaron éste y Jung a Nueva York para impartir varias conferencias sobre psicoanálisis- es decir, la muerte de toda ilusión.

Ellenberger nos refiere que: "es difícil determinar hasta qué punto las últimas obras de Nietzsche expresan una evolución de su pensamiento o una distorsión debida a su enfermedad mental" (Ellenberger, 1976: 313). Es correcta la apreciación de Ellenberger sobre la importancia de las crisis de la vida de Nietzsche en la concepción de su obra filosófica, sin embargo agregaríamos que la enfermedad de Nietzsche es un componente indispensable para su filosofía y para su cura individual. Lo que nos ha revelado el pensamiento nietzscheano es la configuración del proceso salud-enfermedad.

La filosofía de Nietzsche ha funcionado como restaurador de su Yo, al confrontar su origen cultural cristiano, su estado de sujeción por parte de su entorno socio-cultural con el pensamiento trágico griego y la crítica moral francesa creando con ello un nuevo juego de poderes, en el que Nietzsche es el protagonista y al mismo tiempo efecto de sentido (sujeto) de ese nuevo poder sobre sí mismo.

Butler ha mencionado a partir de Nietzsche la emergencia del "Yo" en la transformación de la subjetividad humana: "El «Yo» sujeto emerge con la condición de negar su formación en la dependencia, lo que es condición de su propia posibilidad".[6]

> El "Yo" es a la vez efecto de esta dependencia y el encubrimiento de la misma mediante una afirmación incondicionada de autonomía que es al mismo tiempo una denegación. No me pertenezco pero me afianzo sobre esta no pertenencia para consolidar mi pertenencia. (Le Blanc, 2010: 20)

¿No es esto mismo lo que la filosofía de Nietzsche procura y le permite a su autor reinventarse? A través de esa no pertenecía con su medio socio-cultural el protestantismo pietista de larga tradición familiar al cual busca denegar esta filiación para encontrar una nueva identidad. Con nuevas perspectivas de autonomía en el seno genealógico del culto a Dionisos, en contra del Crucificado. ¿Y no es esto acaso, lo que lo reintegra en el orden social? En la medida que su obra en tanto representante del sentido subjetivo de Nietzsche, lo instaura firmemente en un lugar primordial de la historia del pensamiento occidental, aquel cuya intuición básica era ¡destruir la normalidad de su entorno!

> Una mujer podrá sinceramente desear ser ella misma al entregarse a la cirugía estética para borrar la vejez de su cuerpo, que le parece estar en contradicción

---

6 Judith Butler citada por Guillaume Le Blanc en *Las enfermedades del hombre normal*, 2010, Nueva Visión, Buenos Aires, p. 20.

con la juventud de su espíritu, sin ver que esta reivindicación de ser ella misma encubre el trabajo de las normas que redefinen el cuerpo de la mujer (...) (Le Blanc, *ibídem*: 21)

.Este ejemplo de Le Blanc nos pone en evidencia la postura de Nietzsche para con la salud, cuyas bondades requiere. La brillantez del pensamiento nietzscheano no cae en la trampa dialéctica idealista. Nietzsche sabe bien que sería otra cara del dogmatismo cristiano el beneplácito de la salud sin enfermedad. De la misma manera que, no hay vida sin el dolor de existir, la única manera de librar el impase del sufrimiento y la enfermedad es ir más allá de su maniqueísmo judeo-cristiano y aceptar como los griegos lo hicieron, en su momento lo trágico de la existencia. Darse cuenta que la vida es un accidente en el camino uniformado de la muerte.

Como lo ha señalado Herbert Frey, Nietzsche se ha reescrito a través de la escritura de su obra filosófica: "De acuerdo con esta postura, el subtítulo "Uno se vuelve lo que es", tomado de Píndaro, manifiesta la intención de Nietzsche de mostrar el imperativo interno de su desarrollo personal y reflexivo: "Su singular existencia se convierte en símbolo de la época. Todo ocurre con la pretensión de un gran estilo, para hacer de la vida misma una obra de arte".[7]

---

[7] Herbert Frey, *Nietzsche: La reescritura de la enfermedad y la superación imaginaria de la*

La búsqueda desasosegada de Nietzsche por encontrar sentido a su sufrimiento subjetivo a través de su obra, creó lo que Lacan denomina, *sinthome*, lo que posibilita anudar lo imaginario, lo simbólico y lo real a través de un cuarto lazo.

Nietzsche con su concepto de Superhombre ha construido a manera de un *sinthome,* un medio de cura que nos muestra las grandes verdades de la condición humana en relación a la salud y la enfermedad. La salud es una forma de norma y la enfermedad es otra. Es así que el filósofo del Zaratustra al cuestionar la norma ha visto la enfermedad en ella. Sabemos que la enfermedad física y mental es una forma de nuestro sí mismo, se relaciona con las normas del medio de tal manera que no existe propiamente lo normal ni lo patológico. Éstas son entidades normativas de una misma norma, la patología sólo es el incremento o disminución de determinado equilibrio normativo. El genio de Nietzsche nos ha provisto en su crítica a la moral de las bases metodológicas para comprender el proceso salud-enfermedad, fuera de toda concepción normalizadora e idealista. No existe en la fisiología la "normalidad" lo que existe es una forma determinada de normatividad expresada en el individuo en forma de subjetividad, esto quiere decir que la enfermedad no existe sin sujeto, lo cual nos indica el equívoco de una medicina cientificista, que niega al sujeto, el enfermo no padece la enfermedad por ejemplo: cirrosis, porque su hígado haya enfermado, esto es un absurdo, el hígado ha entrado en otra lógica normativa que afecta al sujeto en su relación con el Otro, lo que le produce la enfermedad es la afectación de la relación del sujeto, en tanto enfermo con lo social, es decir cómo el sujeto enfermo, va significar su enfermedad, lo que le hace sentir discapacitado para enfrentar la vida cotidiana, si podrá o no bastarse por sí mismo para realizar las actividades indispensables de su rol social, de la misma manera, una persona que ha nacido ciega, sólo pude sentirse enferma por su condición, en tanto que el Otro le refleja su anormalidad. Si esto es verdad en la fisiología, en lo referente a nuestra concepción de la enfermedad mental es mucho más clara, ya que la enfermedad mental es una concepción moral cuya origen se encuentra en las normas sociales, pero que fueron denegadas por el positivismo médico como bien lo ha mostrado convincentemente Thomas Szasz (1994:10): "Al ignorar los problemas morales y los patrones normativos –como metas y reglas de conducta establecidas en forma explícita –las teorías psiquiátricas separaron aún más la psiquiatría de esta realidad que trataban precisamente de describir y explicar".

La enfermedad mental es un mito, pero como todo mito representa una lógica del inconsciente, es decir, una manera normativa de significar el mundo. Es por ello que el psicoanálisis es una técnica de transformación del en sí del enfermo. El psicoanálisis interviene, con medios psicológicos, sobre la propia vida psíquica. Sólo que esta técnica choca con la resistencia del enfermo, produciendo un shock. La resistencia del enfermo procede del hecho de que sus fuerzas psíquicas se hallan en juego en la enfermedad. Nietzsche proclamaría que lo que está en juego es la voluntad de poder, voluntad de afirmación sobre la negación de sí mismo.

La cura nietzscheana es el antecedente del psicoanálisis al plantear un método que se orienta en el postulado de Nietzsche de "hacer con", en vez de "hacer sin". Hacer sin equivaldría volver a una normalidad inhallable muy a la manera cristiana o del idealismo que niega la *tragicidad* de la vida. Hacer con, es instituir nuevamente un cierto juego de las facultades en el origen de un trabajo psíquico (aceptación de lo trágico como manera de superarlo). "Es decir una transformación del sí que no remplazaría el sí del enfermo, a favor de un nuevo sí, la creación de una personalidad mejorada sin relación con la personalidad enferma, sino la posibilidad de que se instituya una nueva relación consigo mismo" (Le Blanc, *op.cit*: 116).

El deseo tanto para Spinoza como para Nietzsche es la esencia misma del hombre. Lacan retomó esta consideración para plantear la dirección de la cura en psicoanálisis, la cual se podría definir como: la búsqueda del deseo del analizante. Sin embargo, esta esencia humana muchas veces se encuentra degenerada, cuando el deseo del sujeto deviene goce, es decir cuando el deseo se pervierte. Es quizás mérito de Lacan, el haber llevado a la perversión al estatuto de mecanismo psíquico: cuando acuña el término de goce. En este sentido, el paradigma de la perversión no estaría dado propiamente en el sadismo, sino más bien se daría en el masoquismo.

Las enfermedades mentales son posiciones cuasi-filosóficas de concebir el mundo. Por un lado se encuentra la posición sádico-paranoica y por el otro la esquizo-masoquista. La primera goza de la libertad que introduce la muerte, el símbolo, la del segundo goza con la libertad de la pulsión, la primera es la ética del Yo absoluto y de la destrucción al Otro, y la segunda la ética del Otro absoluto, y de la destrucción del Yo, del sacrificio, que es la ética cristiano masoquista.

La terapéutica de Nietzsche no es otra cosa que una ética al igual que el psicoanálisis, coincide con lo que se denomina amoralidad o "cinismo" en sentido de la escuela de Diógenes de Sinope. La que se contenta con reconciliaciones parciales entre las dos exterioridades del símbolo o la pulsión. Una doble renuncia al absoluto del goce, que le permite el ejercicio de síntesis parcial. Su fundamento existencial no es la muerte como en la inmortalidad paranoica, ni la pura vida del esquizofrénico, sino barrera contra el goce, donde ya no se necesita la demanda del Otro para sostener el deseo, y la gratificación de la vida se encuentra en este vacío donde se puede amar al prójimo, porque ese vacío es el lugar donde lo encuentra como a sí mismo, y que es la única posibilidad para poder amarlo.

El sufrimiento puedes ser el afecto que acompaña una vida psíquica creadora que abreva en sus posibles devenires psíquicos nuevos –como fue el caso de Nietzsche- o bien aquello en que la vida psíquica se vence, se desespera, cuando la mente es presa de una idea de la que no consigue deshacerse, de una obsesión, de un afecto que no llega a construir, a disponer en conjunto más extenso que le daría un significado particular.

Es necesario distinguir entre ambos sufrimientos el término sufrimiento en el primer caso, es un goce que apuesta hacía el deseo, debido a que es una negatividad propia de la vida psíquica, un recurso para apaciguar el dolor de vivir que se puede entender a la vez como olvido, en el sentido de que es el medio propiamente psíquico, para llegar a una renovación subjetiva. Produce deseo, habida cuenta que es el propio instrumento del trabajo psíquico; también se debe entender, como angustia de lo olvidado y la aceptación de la parte traumática que ha sido olvidada (una forma de trabajo de duelo). La vida mental puede ser creadora cuando consigue olvidar.

(...) –éste es el beneficio de la activa, como hemos dicho capacidad de olvido, una guardiana de la puerta, por así decirlo, una mantenedora del orden anímico, de la tranquilidad, de la etiqueta: con lo cual resulta visible en seguida que sin capacidad de olvido no puede haber ninguna felicidad, ninguna jovialidad, ninguna esperanza, ningún orgullo, *ningún presente*. (Nietzsche, *GM* 2011b: 84)

Nietzsche ha creado con su filosofía de vida una posibilidad de existencia alterna para sí mismo. Mucho se ha dicho sobre que Nietzsche no ha podido vivir con base a su filosofía, en su experiencia fáctica, no se pudo entregar a las experiencias voluptuosas, al combate en la guerra, a la embriaguez de los placeres. ¿Será que la enfermedad se lo impedido? ¿Será Nietzsche un mentiroso que ha proclamado las bendiciones del vino bebiendo agua, de la crueldad siendo compasivo, de la sensualidad manteniéndose casto? ¡No! Nietzsche efectivamente ha mentido para salvarse, pero no es un mentiroso, su mentira habla sobre su deseo y el deseo es siempre verdadero. Lo que ha acontecido en él es una terapéutica que va más allá de la somera catarsis, en él se ha producido un *sinthome*, el signo de un anudamiento que le ha regalado a Nietzsche el olvido de su sufrimiento, de su debilidad, de su destino funesto, lo ha reinventado a través de la genialidad de su propia escritura, de la misma manera en que Joyce ha escapado de la psicosis con su Ulises, Nietzsche ha escapado de la muerte simbólica la única que realmente lo habría hecho desaparecer.

El psicoanálisis, al igual que la filosofía de Nietzsche plantean en relación con la *phronesis una transformación del sí, el objetivo de esta phronesis no implica que el dolor de vivir haya desaparecido, sino que una vida psíquica es, en lo sucesivo, finalmente practicable.*

La cura nietzscheana vuelve a darle un margen de movilidad a la vida psíquica en el propio sufrimiento. Es la aceptación de lo trágico de la vida, lo que abre la posibilidad de la cura ante el dolor de vivir, porque ya no se busca escapar de ella sino aceptarla en sus sin sabores, en sus pérdidas y más radicalmente de lo que plantea Montaigne en su disertación acerca del fin de la vida: "La reflexión sobre la muerte es también una reflexión sobre la libertad. El que ha aprendido a morir, ha desaprendido a servir. Saber morir nos libera de todo sometimiento y toda obligación. La vida ya no acarrea desgracias a quien ha comprendido que la perdida de la vida no es una desgracia".[8] Sino como lo dijo Lacan la muerte es el soporte de la vida, sólo tiene sentido la vida si esta se presenta como finita: "la muerte entra en el dominio de la fe, hacen bien en creer que van a morir por supuesto. Eso les da fuerzas. Si no lo

---

[8]   Michel Montaigne citado por Herbert Frey *En el nombre de Diónysos, Nietzsche el nihilista antinihilista*, Siglo XXI editores, México, 2013, p.169.

creyeran así, ¿podrían soportar la vida que llevan? Si no estuvieran sólidamente apoyados en la certeza de que hay un fin ¿A caso podrían soportar esta historia?".[9]

Podríamos agregar es absolutamente espantosa la muerte, ¿pero no lo es más, vivir eternamente? Vivir implica dolor, es decir gozamos, porque estamos vivos. No es acaso lo que fascina tanto del cine terror con el género de los zombis, un muerto que goza, y esa no-muerte es precisamente lo que nos aterra, la infinita capacidad de goce. La muerte es el límite del placer absoluto, claramente denegado en la obra del marqués de Sade, cuyo fantasma perverso nos invita a pensar un goce sin el límite de la muerte. Así Sade nos relata el exceso en las formas de tortura a la que es sometida la bella Justin sin que esto le procure la muerte sino por el contario se produjera paradójicamente en la victima una acentuada belleza, una cierta indestructibilidad para que así los libertinos puedan seguir su infinito con su goce. El zombi y el perverso sádico se ubican en la dimensión, *dit maison* como dice Lacan, un lugar del discurso del goce cuya infinitud nos produce horror, horror a la falta de la falta, es decir a la ausencia de castración.

Para concluir, la enfermedad de Nietzsche se encuentra ligada a su filosofía, a su escritura, cuyo

9   Jacques Lacan "Conferencia 1972" http://www. youtube.com/watch?v=aVaZVy9_TnY

poder terapéutico lo transformó no sin consecuencias, lo dividió introduciéndolo al discurso del inconsciente otorgándole con ello su pasaje a la cura –el cual no nos deja dudas acerca de la genealogía del psicoanálisis– que en él mismo se describe:

"El arte de escindirme, –de mantenerme dividido, de olvidar durante años una de las mitades...Sacar ventaja de mi *enfermedad*: la descarga de la gran tensión aprender a vengarse amorosamente de lo pequeño" (Nietzsche, FP 2006: 750).

Capítulo 2.- **Dios no cree en Dios**

Temo que no nos libremos de Dios
en tanto sigamos creyendo en la gramática.

Nietzsche

En *El ocaso de los Ídolos (1888),* Nietzsche se muestra como el precursor en el abordaje de las cuestiones lógico-metafísicas en términos lingüísticos, siendo con ello el antecedente directo de la teoría crítica y el psicoanálisis. ¿Es debido a estos postulados lingüísticos nietzscheanos que convierten la metafísica en un discurso de poder, en el marco de la historicidad humana la que nos otorgan la fórmula del Dios para el psicoanálisis? Este Dios cuya dimensión *dit- maison (donde habita el decir)* es fundamentalmente desontologizado es decir un Dios-Lenguaje, contrario teóricamente al Dios spinociano panteísta, tan caro a los filósofos y a los científicos, donde se ve a Dios en todos los elementos del Cosmos, es decir un Dios-Todo, sino el reverso de la metafísica, una ficción operativa producto –no por ello menos verdadera- del efecto que causa el lenguaje, en tanto manera de decirse ahí el ser. Diremos propiamente *parlêtre* (el ser hablante) término de Lacan creado para invertir el *Dasein* de Heidegger, para aquel la pregunta del ser viene del ente, mientras que para Lacan es el ser –en tanto lenguaje- el cual cuestiona al sujeto.

"En el principio era el Verbo, y el Verbo era con Dios, y el Verbo era Dios" (san Juan, 1.1). En el evangelio de san Juan se puede constatar que Dios es lenguaje, una construcción significante, su palabra adquirida al ser nombrada y al mismo tiempo designada por a sí misma "Soy el que Soy", tautología que demuestra el origen del lenguaje en su disposición de circuito donde éste se nombra y se crea a sí mismo mientras se le pronuncia, por lo que no hay Dios de Dios ya que no existe un metalenguaje –Dios es el lenguaje- Palabra/significante que evoca que nombra y que revela la necesidad humana de penetrar en la oscuridad de lo desconocido de un mundo desordenado y vacío, donde las tinieblas de lo innombrable forman la faz del abismo y por ello el requerimiento de la palabra que conjura mientras nombra: "Sea la luz; y fue la luz" (Génesis, 1.3)

El ser humano nació cuando tuvo que afrontar el miedo a lo desconocido con la palabra. Nombrando puso orden en el mundo y calmó con ello su angustia ante este. Así Hans Blumenberg (1979) nos narra como "la irrupción del nombre en el caos de lo innominado" forma parte de nuestra identidad humana.

Das Entsetzen, el pavor–término alemán para el que hay pocos equivalentes en otras lenguas- se hace algo innombrable, como el grado más alto de temor. Luego bien la forma más primitiva, aunque no por ello la menos sólida, de conseguir tener alguna confianza en el mundo: encontrar nombres para lo indeterminado. Sólo a partir de entonces se podrá, más tarde, contar una historia de ello. (Blumenberg, 2003: 41-42)

De esta manera se demuestra que nuestra esencia humana, nace de nuestra capacidad de nombrar y ser nombrados por el universo simbólico que Lacan denomina el gran Otro: "Lugar en el que el psicoanálisis sitúa, más allá del compañero imaginario, lo que, anterior y exterior al sujeto, lo determina a pesar de todo" (Chemama y Vandermersch, 2004: 488).

Así Lacan utiliza el concepto del gran Otro "para designar un lugar simbólico —el significante, la ley, el lenguaje, el inconsciente o incluso Dios- que determina al sujeto, a veces de manera exterior a él, y otras de manera intersubjetiva, en su relación con el deseo" (Roudinesco y Plon, 1998: 769). Podemos observar como Lacan ubica a Dios en el lugar del Otro, es decir como significante del Otro donde se entreteje el designio del sujeto en relación con el deseo, ya que su deseo es fundamentalmente el deseo del Otro. No es esto absolutamente explícito en el cine, como fantasma perverso. No es que éste nos muestre imágenes indecorosas o motivos perversos en su narrativa fílmica lo que la hace perversa, sino que nos enseña el cómo debemos desear (Žižek, 2000). En este sentido el cine es el Otro que nos obliga subliminalmente a imitar el paradigma de su deseo.

El Otro procura la ideología y esta es el lenguaje, no es la comunicación de la que hablamos, comunicar no implica el lenguaje. Así en la comunicación de las abejas encontramos los siguientes circuitos mensajes-receptores para enviar un mensaje donde se utiliza señales claramente especificadas que no dejan de carecer de belleza, el mensaje que la abeja transmite a sus compañeras para informar sobre la ubicación del alimento al regresar a la colmena es instrumentado a base de bailes rítmicos ejecutados en las paredes verticales de los panales de la colmena. Sin embargo, no podemos hablar de lenguaje porque no existe nada velado no hay necesidad de interpretar las señales, estas son absolutamente claras lo que no permite ir más allá de lo que se comunica, queda anulada la posibilidad de crear debido a que no hay equívoco, el sistema comunicativo está cerrado por completo. La narrativa significante en el ser humano es distinta a la comunicación del reino natural debido a que en la segunda sólo existe la posibilidad de una sola interpretación, de tal manera: "Si se exigiera una lengua común que todos entendiéramos por igual, tendríamos una lengua completamente nivelada que ya no diría nada" (Heidegger, 1965, trad. 2013: 151,152).

Es por lo anterior que Norbert Wiener el fundador de la cibernética afirma: "El ser humano, una información" Sin embargo, una característica diferencia el ser humano con respecto a los otros animales en una forma que no deja la menor duda: él es un animal que habla..." (Norbert Wiener citado por Martin Heidegger, trad. 2013: 151).

El origen del habla se halla en la metafísica del lenguaje cuya base ontológica se observa en la divinización del logos: "Interpretar los nombres como atributos de la divinidad, como propiedades y capacidades suyas que se han de conocer, constituye una racionalización posterior. No se trata, primariamente, de saber o no las propiedades del dios, sino de poder invocarlo con su propio nombre, que él mismo reconoce" (Blumenberg, 2003: 44).

De esta manera queda constata que el sujeto permanece bajo la supremacía de lo simbólico en su constitución humana.

Para alcanzar este nivel de análisis Nietzsche necesita hacer uso de un método científico que le permita analizar la realidad, ayudándolo a categorizar su pensamiento, con vías de alcanzar una objetividad naturalista del devenir de lo humano, demasiado humano.

> El método es pues presentado, ya desde los escritos de juventud, como indispensable para el saber y más importante que los resultados parciales que las ciencias particulares puedan alcanzar: "No es la victoria de la ciencia lo que distingue al siglo XIX, sino

la victoria del método científico sobre la ciencia" (NF15 (51), primavera de 1888 (Camponi, 2004: 44)

Nietzsche enaltece el método filosófico de Descartes como manera de naturalizar al ser humano y evaluarlo científicamente, en este método Nietzsche encontraba el fundamento de su fisiológica filosófica.

> En lo que se refiere a los animales, Descartes fue el primero que, con una audacia digna de respeto, osó concebirlas como maquinas: nuestra fisiología entera se esfuerza en dar una demostración de esa tesis. (Nietzsche citado por Campioni, *opcit*: 43)

Es Rene Descartes el padre de la filosofía moderna y además el que debe tomarse en el sentido de puerta estrecha. (Lacan, E, instaurador del sujeto de la ciencia, así Lacan señala:

> Un momento históricamente definido del que tal vez nos queda por saber si es estrictamente repetible en la experiencia, aquel que Descartes inaugura y que se llama el *cogito*. Este correlato, como momento, es el desfiladero de un rechazo de todo saber, pero por ello pretende fundar para el sujeto cierta atadura en el ser, que para nosotros constituye el sujeto de la ciencia, en su definición, término (Lacan, 2001: 835)

Si bien Descartes fundaba el método científico precavidamente argumentaba del peligro de utilizar éste con fines que pudieran cuestionar la moral y las costumbres de los pueblos, así como la justificación del orden político a lo que prefería dejar en manos de Dios o sus representantes. "El mismo Descartes manifestó prudencia respecto de este nuevo amor; con sabiduría, aconsejó especialmente no extender la influencia del discurso de la ciencia a la moral y la política, materias en las que pidió atenerse a la tradición" (Miller, 2003:12).

Esta advertencia de Descartes, ¿no es de alguna manera lo que Nietzsche y luego Freud no respetaron? Utilizar el método científico como medio para criticar el lugar del discurso del Amo, el de la tradición, impugnado con ello por un método científico diagnóstico que evalúa la moral sexual como medio de dominación, enajenación de la verdad del cuerpo, del sensualismo, en tanto dominio del Otro, cuya vigilante lógica implicaba necesariamente el aplastamiento del individuo gracias a la interiorización del sujeto de un colectivo imaginario.

La tradición filosófica antes de Nietzsche si bien era partícipe del lema de Kant *sapere aude:* aprende a usar tu inteligencia, con la aclaración de hacerlo sólo en el ámbito privado, y obedecer. ¿No es acaso Nietzsche quien reconoce en el imperativo categórico kantiano una manifestación superyoica que no reconoce la carencia del Otro como absoluto y que es ciego a la verdad de que las cuestiones de la moral son determinadas por el discurso de poder y no por una supuesta voluntad del Otro en tanto verdad ontológica? Esta concepción sobre el poder tan cara a Foucault, donde él mismo, siguiendo los pasos de Nietzsche ubica la verdad del *nomos:* la norma, la ley, la normalidad no anclados al poder de la verdad, sino a la verdad del poder.

Fue Nietzsche quien utilizando el método inaugurado por Descartes quien se atrevió a utilizar el método científico genealógico volviéndose con ello en el primer médico de la cultura, lo que le permitió poder diagnosticar la enfermedad moral, descubriendo la ficción teleológica cristiana y la subordinación del sujeto a los movimientos de reivindicación imaginaria a través de la creencia de un Otro como completo. Pero también es Nietzsche (1888) quien desustancializó al "Yo" y con ello materializó el inconsciente:

> El lenguaje ve por todas partes actores y acción: así se origina la creencia de que la voluntad es la causa por excelencia; de que el "Yo" es ser y sustancia, lo que es posteriormente proyectado sobre todas las cosas (con la creación misma del concepto "cosa"). (Nietzsche, *GD* 2009: 51)

Wittgenstein (1922) estableció convincentemente que "los límites del lenguaje son los límites del mundo". Es ahí donde se encuentra la cuestión que Descartes no quiso ver, la verdadera implicación de su descubrimiento, no tomó su método lo suficientemente radical, por lo que Nietzsche se da cuenta de la necesidad de utilizar la duda metódica cartesiana como herramienta para dudar también de la sustancialidad del "Yo".

> El ser es considerado en todo momento como causa primera, es presupuesto; de la concepción del "Yo" se

sigue en primer lugar, como derivativo necesario, el concepto de "ser". El gran riesgo de error está situado, pues, al comienzo, ya que la voluntad es algo que actúa, por lo tanto una potencia, una facultad...Hoy sabemos que es simplemente una palabra. (Nietzsche, *ibíd.*: 52).

Nietzsche el gran materialista al igual que Marx y Freud busca la deconstrucción de los conceptos metafísicos como el alma, Dios, la conciencia, la moral y la raza en el lenguaje. Es decir nada puede estar por encima del lenguaje, toda la metafísica es producto de aquel. El ser del que habla Heidegger es el lenguaje en sí mismo, un puro ontológico. Lacan dará la vuelta de tuerca al denunciar la falta-en-ser. Debido a que el lenguaje no puede dar cuenta de su resto inasimilable, de su propia excrecencia: lo real, aquello que no marcha en el orden simbólico cuyo exceso es atribuido al sujeto en su manifestación humana demasiado humana, producto de la no inscripción de la diferencia de los sexos en el inconsciente.

Es Lacan el que devela que el Otro no existe: "La experiencia prueba que ordinariamente me está prohibido, y esto no únicamente, como lo creerían los imbéciles, por un mal arreglo de la sociedad, sino, diría yo, por la culpa del Otro si existiese: como el Otro no existe, no me queda más remedio que tomar la culpa sobre el Yo (*Je*), es decir creer en aquello a lo que la experiencia nos arrastra a todos, y a Freud el primero: al pecado original" (Lacan, *E* 2001: 800).

Lacan nos muestra el componente ideológico que subyace en la creencia de un ser que encarne al Otro, ficción de identificación con un atributo simbólico por parte del otro con minúscula (el prójimo). Es por ello que Lacan nos advierte: "sobre la teoría de Jules de Gaultier incumbe a una de las relaciones más normales de la personalidad humana –sus ideales-, conviene destacar que, si un hombre cualquiera que se cree rey está loco, no lo está menos un rey que se cree rey" (Lacan, *ibíd.*: 161).

Lo que Nietzsche y el psicoanálisis lacaniano nos revelan es que el lenguaje es un medio, una red significante en tanto función lógica. El delirio es identificarse con un atributo simbólico como si fuera una correspondencia ontológica, esto lo ejemplifica el chiste mexicano sobre el poder gubernamental: un colaborador muy cercano del presidente, se esfuerza enormemente por entablar una amistad con el mandatario dando en todo momento profundas muestras de afecto por él y nombrándolo su amigo entrañable. Un día después del término del mandato presidencial, el colaborador cierra completamente la comunicación con el ex presidente, éste indignado y molesto por la deslealtad, llama a su amigo para increparlo sobre su conducta y le pregunta: *¿por qué has cambiado conmigo? me engañabas diciendo que éramos amigos, cuando sólo lo hacías por conveniencia.* A lo que el antiguo colaborador le responde intrigado sinceramente por el reclamo:

no veo porque te sorprende, yo soy amigo del presidente.

Lo que nos ofrece este chiste en tanto formación de lo inconsciente es la verdad situada bajo el semblante, no hay mas que el semblante. Es el ex mandatario no comprende su lugar simbólico, al identificarse con su función simbólica como portadora de su identidad imaginaria se engaña, no es que su colaborador lo engañe sino que lo desengaña. La gran aportación de Lacan al psicoanálisis es haber desodontologizado al inconsciente. Cuanto error hay en los neurocientíficos en tratar de ubicar el inconsciente en el cerebro, pero también es completamente erróneo intentar hallarlo en el interior del individuo. El inconsciente no es una introspección psicológica que mostraría una subjetividad, sino algo que se manifiesta fuera del sujeto atrapándolo en su red significante.

El inconsciente es una transubjetividad, una función topológica. Podemos ejemplificar lo anterior nuevamente con un chiste que utiliza el Slavoj Žižek para mostrar el estatuto objetivo de la creencia a partir del muy conocido chiste del loco que pensaba que era un grano de maíz. "Después de pasar un tiempo en un manicomio, finalmente se curó: ahora ya sabía que no era un grano sino un hombre. Le dejaron que se fuera, pero poco después regresó corriendo y dijo: *Encontré una gallina y tuve miedo de que me comiera.* Los médicos trataron de calmarlo: *Pero ¿de qué tienes miedo? Ahora ya sabes que no eres un grano sino un hombre. El loco respondió: Si claro, yo lo sé ¿pero la gallina lo sabe?"* (Žižek, 1992: 64).

Lo que nos ejemplifica el chiste es que el inconsciente no es algo que se encuentra en una parte de nuestro "Yo" individual, lo que implicaría caer en un idealismo filosófico, sino muy por el contrario, el inconsciente es algo material, un lugar donde puede ser depositada la creencia del sujeto en un saber externo a él, en tanto que lo determina sin darse cuenta, pero paradójicamente no existiría sin su creencia.

> (...) se trataría de saber si la fenomenología misma de la forma en que las cosas se presentan en nuestra experiencia no obliga a un abordaje diferente y, precisamente, el que adopto cuando digo –antes de ver cómo va a ser más o menos realizado- que el Otro debe ser considerado primero como un lugar, el lugar donde se constituye la palabra. (Lacan, *S3* 2006c: 391)

Es por esta razón que Lacan no va hablar del "Yo" sino de sujeto como manera de mostrar que el ser humano se encuentra sujetado por el Otro, de manera que Lacan avanza gracias a que Nietzsche le desbroza el camino, para conceptualizar al ser humano desde una perspectiva materialista que nos devela al sujeto de lo inconsciente. Por lo que Lacan lo define de esta forma:

> Un sujeto es lo que puede ser representado por un significante para otro significante. ¿Esto no reproduce

el hecho de lo que en lo que Marx descifra, a saber, la realidad económica, el tema del valor de cambio está representado a lado del valor de uso? En esta falla que se produce y cae, lo que se llama la plusvalía. (Lacan, *S16* 2008: 20)

Será Nietzsche el iconoclasta por antonomasia el cual proclama la ficción del "Yo" y de la metafísica para develar el lugar de la cultura como forjador de los valores del hombre y de su comportamiento. Instaurando el inconsciente como manera de imponer valores a los hombres ante su incapacidad de autoafirmación.

Nietzsche critica la filosofía de Descartes no por su método sino por su falta de radicalidad. En tanto que Descartes llega a concebir el "Yo" como principio indudable que permite formular el criterio cartesiano de verdad.

La posición crítica de Nietzsche frente al *cogito*, que madura precisamente en los años ochenta, es bien conocida y ha sido ampliamente discutida: Descartes ha quedado atrapado "en la trampa de las palabras", ha creído en "yo como substancia", no ha llevado a fondo la crítica y la duda. (Campioni, 2004: 43)

Lo que Nietzsche nos manifiesta en relación al *cogito* es que lo que en verdad está en juego es que el "Yo" es solo otra palabra otro significante del Otro, nada escapa al discurso en tanto que habitamos el discurso y somos habitados por este, "no hay un discurso -como dice Lacan- que no sea del semblante".

Descartes en las *Meditaciones* nos dice:

> Soy una cosa que piensa, es decir, que duda, que afirma, que niega que conoce pocas cosas, que ignora muchas, que ama, que odia, que quiere, que no quiere, que también imagina y siente. Pues tal, como he señalado antes, aunque las cosas que siento e imagino no sean quizá nada fuera de mí y en ellas mismas, estoy sin embargo seguro que esos modos de pensar que llamo sentimiento e imaginación, en tanto son solamente modos de pensar, residen y se encuentran ciertamente en mí. (AT IX-1,27).

De estas líneas de Descartes, se desprende que la certeza se encuentra en el pensamiento, en el acto mismo de pensar, en la ejecución de la duda. Así Freud al hablarnos sobre la interpretación psicoanalítica de los sueños, señala que:

> De igual manera averiguamos, en el trabajo de interpretación, lo que corresponde a las dudas e incertezas, que tantas veces comunican los soñantes, sobre si cierto elemento apareció en el sueño, sobre sí fue esto o acaso alguna otra cosa. A estas dudas e incertezas nada corresponde, por lo general, en los pensamientos oníricos latentes; provienen íntegramente de la acción de la censura onírica y equivalen a una expurgación intentada, no lograda del todo. (Freud, 1994:162)

Es decir, esa duda devela que la verdad es distinta al saber, que al igual que el analizante, en el acto analítico refiere no saber, y ese no saber es una certeza, así el sujeto de supuesto saber, es una ficción del saber, para producir un efecto de verdad en el discurso del analizante.

Descartes ante el callejón sin salida de la certeza de la duda, que deja fuera el conocimiento del mundo. Para que la posibilidad del saber pueda existir, Descartes necesita un Otro con mayúscula que garantice el saber que se el aval del conocimiento del mundo externo. Sin embargo Descartes también le invaden dudas acerca de la legitimidad de ese gran Otro que se expresa del modo siguiente:

> (...) hay un Dios que puede todo, que me ha creado y producido tal como soy. Pues bien ¿quién podría asegurarme que ese Dios no haya hecho de modo que no exista ninguna tierra, ningún cielo y ningún cuerpo extenso, ninguna magnitud, ni lugar, y que sin embargo tenga yo los sentimientos de todas esas cosas y que todas ellas me parezcan existir tal como las veo? (AT IX-1,16).

Descartes pone como último y máximo obstáculo para el conocimiento la posible existencia de un "genio maligno":

> ...debo examinar, tan pronto como la ocasión se presente, si hay un Dios y, si hallo que hay un Dios, debo examinar también si puede ser engañador, ya que sin el conocimiento de esas dos verdades no veo que pueda alguna vez conocer algo con certeza (AT IX-1,29).

Si tal genio existiera y quisiera engañarnos, no tendríamos modo de superar el estado de ilusión y error —es decir se produciría la paranoia - Pero esto no puede darse, dirá Descartes, ya que Dios es perfecto y por tal motivo, no nos abandonaría a merced de un espíritu malvado. "Dios, digo, quien, siendo soberanamente perfecto, no puede ser causa de ningún error" (AT IX-1,48).

Así que Él, que es el que sabe es el que nos alumbra y nos hace ver las cosas tal y como son, sin la intervención de ningún genio maligno que nos lleve a la confusión.

Descartes demostró la existencia de Dios como causa externa de la existencia, de la idea de perfección en nuestra conciencia. Siendo nosotros imperfectos, porque dudamos, no puede nuestra idea de perfección provenir de nosotros. Entonces debe provenir de un ser que sea efectivamente perfecto, de Dios. Y si Dios es perfecto no puede ser engañador y no puede habernos hecho de modo tal, para que nos confundiéramos sistemáticamente cuando creyéramos estar en la verdad. Tanto Nietzsche como Lacan ven en esta salida por parte de Descartes la devaluación de su método y la instauración del Otro como garante del saber.

> Curiosa caída del ergo, el ego es solidario de ese Dios. Singularmente Descartes sigue el movimiento de preservarlo del Dios engañoso, en el cual es a su compañero al que preserva hasta el punto de arrastrarlo al privilegio exorbitante de no garantizar las verdades eternas sino siendo su creador. (Lacan, *E* 2001: 844)

La Existencia de Dios (el Otro, como lenguaje) no garantiza mi certeza, esa está dada en el *cogito* (lo real); lo que garantiza que la certeza sea saber es la necesidad de Otro (lo simbólico). En el sistema de Descartes es necesaria la existencia de Dios justamente para distinguir entre la certeza y el saber. En efecto el *cogito* está reducido a la certeza actual como duda, es decir *como* soliloquio; para poder alcanzar un saber; es decir uno simbólico, que produzca lazo social, y que se distinga de la certeza protopsicótica; se necesita de un Otro que garantice la entrada del hombre a la subjetividad. Dios toma, en Descartes, el papel de ese Otro.

Dios es el Otro cuya supuesta perfección determina la realidad del mundo, una realidad positiva determinada por la necesidad de libertad, la cual expresa justamente lo que es y no otra cosa. Dios es lo verdadero de las ideas, mientras que el error es el alejamiento de Dios, produciendo con ello la mutilación y la confusión. Si Dios es el Otro perfecto, ¿qué es aquello que ocasiona el error, lo que desgarra el lenguaje –al Otro- donde se manifiesta el inconsciente en sus formaciones: el sueño, el lapsus, el acto fallido, el chiste y el síntoma? No podemos pretender que estos fenómenos del lenguaje en tanto errores del mismo, no sean producto del Otro. Ya argumentamos la imposibilidad de un metalenguaje por lo que solo puede provenir esos errores del mismo Otro, es decir Dios está castrado, por lo que es necesaria una ficción, una historia que de coherencia al mundo, una significación oculta inaccesible perdida en el tiempo que permite inventar significados a partir de su falta o lo que es lo mismo: "Dios no cree en Dios" debido a que Dios no es un ente sino: "el lugar de un saber constituido por un material literal desprovisto en sí de significación" (Chemama y Bernard Vandermersch, 2004: 347-348). Esto quiere decir que Dios es inconsciente debido a que Él no tiene significación en sí mismo, es el ser humano él que le proyecta un significado oculto que posibilita crear y desplazar nuevos significados con base en su deseo. Utilizando una frase de la película animada *Kung Fu Panda*: "el secreto del ingrediente secreto es que no hay ingrediente secreto". Creer en el ingrediente secreto en la sopa de fideos o en la técnica secreta para convertirse en el legendario Guerrero Dragón es lo que la hace especial, la creencia opera en la falta de significación en sí misma, lo que produce un resto ininteligible que debe ser llenado de nuevos significados.

> Decir "Dios no cree en Dios" es exactamente lo mismo que decir: hay inconsciente. (...) Pero pregunto si no hay estricta consistencia entre lo que Freud propone como siendo el inconsciente, y el hecho de que en cuanto a Dios, no hay nadie que crea en él, sobre todo el mismo, porque en eso consiste el saber del inconsciente. (Lacan, clase del 21 de mayo de 1974, Inédito)

"Dios no cree en Dios" es la puesta en escena del agujero de lo simbólico en lo real que produce un resto, un plus-de-goce, la experiencia dionisiaca que al no poder ser absorbida en el campo de lo simbólico retorna como delirio o como alucinación –lugar de la locura- la otra escena, donde el sujeto entra en el campo de lo imposible. Efecto de lo real en el discurso, el cual colige el psicoanálisis para construir una teoría sobre lo inconsciente, la cual reivindica la locura como paradigma de la singularidad que escinde la homogeneidad del Otro.

Es así que la filosofía de Nietzsche y el psicoanálisis ambas se mantienen en la misma tradición racionalista cartesiana, en donde la búsqueda de lo real/dionisiaco se convierte en una reflexión sobre "las condiciones de posibilidad para cualquier objetividad".[10]

Por ello que Nietzsche y Lacan con su concepción lingüística-critica son la base de una teorización científica, ya que nos permite acceder al punto de capitón de nuestro juicio subjetivo, posibilitando con ello despejar los prejuicios imaginarios y simbólicos que yacen en nuestra percepción del mundo.

Lacan rompe con el doctrinal de la ciencia, en tanto que lo real no es realidad. Su verdad epistemológica va más allá de ésta, más allá de lo simbólico– lo real es pura ruptura discursiva- Lo que Gödel demostró en su teoría de incompletitud, Lacan lo muestra en el discurso analítico: "Sólo la matematización alcanza un real –y por ello es compatible con nuestro discurso, el discurso analítico

---

10 Ernesto Laclau, "Prólogo" en Slavoj Žižek, *El sublime objeto de la ideología*, Siglo XXI editores, 1992, México.

–un real que no tiene nada que ver con aquello de lo cual ha sido soporte el conocimiento tradicional, y que no es lo que éste cree, realidad, sino de veras fantasma" (Lacan, S23 2006a:158). Real es el goce del ser, es la implicación del discurso dionisiaco en el discurso coherente apolíneo.

El método Nietzscheano al utilizar términos lingüísticos, se adelanta a las teorizaciones de Saussure y de Lacan- en tanto hermenéutica de la vida. Este análisis es lo que nos permite comprender la realidad como simbólica y nuestro comportamiento como su efecto en nosotros. Ahora bien, tanto el propio Nietzsche como el psicoanálisis han encontrado en este análisis simbólico una falla: el efecto de sentido, de interpretación subjetivo que se produce debido a que el lenguaje no es unívoco, es ambiguo, ya que su efecto puede producir una multiplicidad de interpretaciones del mundo. Al mismo tiempo que nos muestra lo incompleto del universo simbólico, en tanto que no hay una sola posible lectura de él. Inacabamiento que posibilita la interpretación del lenguaje y todo el edificio simbólico.

El efecto de "in-completitud" de lo simbólico da cabida a lo real lacaniano, el cual "no es la realidad, que es efecto de lo simbólico y que está organizado por el fantasma, es una categoría producida por lo simbólico que corresponde a lo expulsado por éste en el momento de su instauración" (Vanier, 2001:104).

Lo real es la tachadura del Otro en tanto que muestra como el lenguaje no lo pude decir todo, siempre se dice más o menos de lo que se quiere, razón de esto es la existencia de: los lapsus, los actos fallidos, los síntomas, es decir las formaciones del Inconsciente.

Este real que en Nietzsche se le puede denominar como lo dionisiaco es lo que nos muestra como los discursos en tanto discursos son ficciones operativas que intentan tachonar la falta estructural del ser a causa de la falla en el Otro, en tanto que no existe la inscripción de la división de los sexos en el inconsciente, lo que nos plantea es una falta-en-ser, por lo que en el universo simbólico falta el significante que representa al sujeto en su unidad, no puede decirnos lo que es el sujeto para él, es decir el sujeto es la falta del Otro y al mismo tiempo es esta falta la que divide al sujeto expulsándolo a la dimensión de lo incompleto, de lo trágico.

Pero esta "tragicidad" es la que nos permite ser humanos y la que nos ofrece el más grandioso don: el arte, en tanto que necesitamos de la creación artística para sobrellevar lo trágico de una manera heroica desalineada, realmente humana. La modernidad especialmente el discurso capitalista busca desaparecer este exceso dionisiaco de lo real para homogenizar la realidad humana en un frenesí deshumanizante convirtiendo la sociedad en circos o campos de concentración donde la vida este valorada en términos mercantiles de compra-venta, donde ya no exista más amo que el capital. Es sabido de la postura de Nietzsche en favor del ocio como manera de reivindicación subversiva en contra del discurso capitalista y de enajenación. Para Nietzsche en contra del negocio, se requiere de un discurso aristocrático para darle un sentido propiamente individual a la existencia. De esta manera busca mostrar la necesidad de evidenciar la tachadura del Otro para recomponer la dignidad del individuo como hombre libre con una propia voluntad de poder donde se rescate, se reivindique, se radicalice la necesidad de excepción de la singularidad del sujeto. Esta misma retención se encuentra sin duda en la cura del psicoanálisis en tanto cura que busca afirmar sobre todas las cosas la singularidad de sujeto y su lugar de excepción, lugar de lo real como sujeto como portador no de una sustancia homogénea como lo piensa Descartes en relación a su "Yo" fundador de certeza, sino como ex-sistencia del sujeto en tanto manera de gozar en el mundo como lo que se mantiene fundamentalmente de resto, de un plus de goce, que no puede ser asimilado por el discurso simbólico para el trabajo y la producción del sistema capitalista en el que vivimos. El resto dionisiaco del que habló Nietzsche como parte indomeñable de ser humano. Excéntrica a todo discurso mediador, a toda homogenización, a todo engranaje alienante, el discurso de la locura subversiva y revolucionaria de Dionisos, el cual reivindica lo humano sin ataduras, sin restricción, lugar puramente pulsional, de goce de vida. Esta vida vivida, experimentada, gozada, que tanto deseo Nietzsche y que en que su obra logra consumar de una manera sublime, para efectivamente enseñarnos que la certeza no yace en el *cogito* sino en el *sum* en la ex -sistencia en tanto que somos el resto, sujetos sujetados pero inasimilables del universo simbólico.

Nietzsche nos pide que nos hagamos cargo de nuestro de existir. De la misma manera como Lacan plantea en relación a la cura psicoanalítica que nuestra responsabilidad de sujeto con todos nuestros agravamientos sintomático, con la toda la dependencia que podamos tener ante la dominación del Otro sobre nosotros, de lo único que somos absolutamente responsables es de nuestro existir.

Lo indecible del que habló Wittgenstein y de lo que Freud y luego Lacan teorizaron como la falla en el discurso del Otro. Esta teorización fue forcluida por el doctrinal de la ciencia, debido a que el sujeto, en tanto que real es un obstáculo para el sostenimiento de la ideología cientificista de totalidad y certeza. Afirmación que expresa la idea central de la genealogía en la filosofía de Nietzsche, el psicoanálisis y la teoría critica.

El sujeto del psicoanálisis no es un actor de la subjetivación, como lo podría ser una persona que práctica yoga, hace meditación, crea arte o cualquier expresión de subjetivación, sino el agente que

determina la falla en la súper estructura *Überbau*[11].
Lo que se desenvuelve en el sujeto es una falta de
significación en relación a quien es, que es llenada
por el significante, es decir por la palabra, por la letra,
por "lalengua".[12]

Esta falta de significación llenada por el significante
en relación a otro significante, es propiamente lo
real, de esta forma el sujeto del psicoanálisis es real,
no simbólico porque lo que regresa al sujeto es su
vaciamiento de significación ante sí, es la imposibilidad
de representar lo que es en sí mismo.

La diferencia del psicoanálisis con las
psicoterapias y otras formas de dispositivos de
subjetivación, es que el psicoanálisis busca lo real –
no lo simbólico– la ruptura discursiva.

---

[11] "La totalidad de esas relaciones de producción
constituyen la estructura económica de la sociedad,
la base real sobre la cual se alza un edificio
(*Überbau*) jurídico y político, y a la cual corresponden
determinadas formas de conciencia social. El modo de
producción de la vida material determina (*bedingen)*
el proceso social, político e intelectual de la vida en
general" (Marx, 1980: 4).

[12] Para designar el caos donde está fijado el goce
del ser-diciente (*parlêtre*), Lacan crea el concepto
de *lalengua*. En este último, el significante no tiene
valor de comunicación *Lalengua* está constituida de
S_1 al que no se vincula ningún S_2 para darle sentido
(Maleval, 2009: 162).

El sujeto para el psicoanálisis es del orden de lo real. Tanto para Lacan como para Nietzsche el componente de la experiencia propiamente humana es el exceso, el goce del lenguaje que se manifiesta como voluntad de poder.

Para la práctica psicoanalítica, es fundamental poder discernir las "más bajas" motivaciones (lujuria sexual, agresividad irreconocible) detrás de los gestos aparentemente "nobles" de la elevación espiritual del ser amado, del auto-sacrificio heroico, etc. Es decir, develar la oscuridad del alma del hombre, mostrando su reverso, no para justificarlo, como ingenuamente piensa el común de la gente, sino para producir conciencia de sí, adjudicar responsabilidad de los propios actos, de manera que el psicoanálisis es el gran desmitificador de la "apariencia", para él, siempre existe el doble discurso.

Lacan crea un acto político radical al concebir el análisis como el ejercicio para provocar la tachadura del gran Otro, esto significa que el sujeto se desaliena de su ideología. Podríamos decir también que abre sus ojos ante ella.

El hombre nietzscheano, al igual que el sujeto del inconsciente (sujetado por la tradición) y su teorización crítica del universo simbólico, nos muestra que la realidad es un semblante cuya "dimensión de aquello que de la posición subjetiva puede aparecer, en tanto el psicoanálisis no opone esta apariencia a una esencia sino que la enlaza dialécticamente a la verdad" (Chemama y Vandermersch, 2004: 613). De igual manera que Nietzsche (1888) nos muestra es su concepción epistemológica del mundo:

> El que el artista aprecie la apariencia más que la realidad, no constituye objeción a lo afirmado. Ya que la "apariencia" significa aun aquí la realidad, sólo que seleccionada, fortalecida, corregida...El artista trágico no es ningún pesimista: dice que sí a todo lo misterioso y terrible, es dionisiaco... (Nietzsche, *GD* 2009: 53)

Es así que: "la noción de semblante introducida por Lacan permite situarse de otra manera. El semblante constituye sin duda la dimensión lo que aparece que no debe ser descalificada como tal. El semblante no es el simulacro (faux-semblant)" (Chemama y Vandermersch, 2004: 613).

La correspondencia entre el psicoanálisis y la filosofía de Nietzsche se da en su ruptura con la metafísica, en tanto que Nietzsche nos ha introducido a la desmitificación del gran Otro, escisión que re-signa la existencia humana como trágica en su sentido más poético, para develar la verdad humana como sublime goce de la vida en tanto finita que nos recuerda que: "La letra de la obra de Freud es una obra escrita. Pero también que lo que ella subraya en esos escritos rodea una verdad velada, oscura, aquella que se enuncia porque una relación sexual, tal como sucede en cualquier concretización, no se sostiene, no se asienta más que por ser arreglo entre el goce y el semblante que se llama la castración" (Lacan, S18 2009: 154).

¿Pero esta castración subjetiva que se produce entre la acción de compromiso entre el semblante y el goce del sujeto no es inversa a la castración del Otro? ¿No es acaso el sujeto es un dimensión real la que produce la tachadura del Otro? Lacan al elaborar sus cuatro discursos: el del amo, la universidad, histérico y analítico, se basa a su vez, en un quinto, el discurso del capitalismo.

En el siglo XXI la hegemonía del discurso capitalista en la sociedad se ha caracterizado como medio de reproducción ideológica viral, maquinaria de reproducción de objetos masivos de producción que dejan fuera la posibilidad de la diferencia. Por lo que el discurso capitalista fomenta en su aparato ideológico la homogeneidad del consumo en masa.

Si el sujeto no se adapta a las necesidades del discurso capitalista, el Otro lo vuelve patológico o más recientemente lo extermina. El odio se origina según Freud en los objetos que le producen al sujeto una fuente de displacer, el sistema neoliberal ha percibido en las personas anticapitalistas y antigubernamentales el fundamento de su displacer y el objetivo de su odio. La reacción por parte del de genocidas "oficiales" de desaparecer a los opositores del sistema, es un error sistémico que muestra, como formación del inconsciente la verdad del discurso capitalista del Estado al servicio del capital, el deseo anteriormente in-expresado de la necesidad de "saneamiento" del sistema, llevado al acto, en tanto síntoma del capital, la desaparición de aquello que produce displacer al sistema, personas que se resisten a la asimilación por parte del sistema en tanto servidumbre de aquel, los cuales son vistos por el discurso del capitalismo como un resto que debe ser eliminado.

Hanna Arendt nos ha argumentado acerca de la trivialidad del mal y la "neutralidad emocional" presente en los ejecutores de crímenes de lesa humanidad, lo cual puede ser constatado en las justificaciones de los genocidas (véase el caso de Eichmann en Jerusalén analizado por la propia Arendt) por sus crímenes no como actos de odio al otro, sino por una necesidad de depuración: racial, ideológica de cualquier grupo humano que sea percibido como un otro peligroso o desechable para el Sistema. Este acto genocida es conceptualizado por el establishment como una necesidad de purificación y no como un acto de violencia ante el otro antagónico a sus intereses.

El discurso del capital se manifiesta como pulsión de muerte cuando el Nombre-del-Padre deja de operar como límite de goce.

La pulsión de muerte la cual es el empuje que tiende a volver a lo inanimado, a lo no organizado a lo que sería un estado de no vida, se manifiesta no solamente en el acto de desaparición forzada de las víctimas del sistema, sino en el discurso oficial y en los intereses mercantiles del capitalismo, al que sirve los Estados capitalistas en donde el otro es percibido como displacentero, como un exceso de excitación para el sistema, que debe ser eliminado a manera de un resto inasimilable por éste, es decir cualquier persona que ocupe el lugar ex–céntrico, outsider que produzca una alteración en la uniformidad del capitalismo, la persona que no cumpla con el rol capitalista de producción-consumo, con aquello que denomino Heidegger: "engranaje" debe ser arrojado como desecho. La maldad de este acto es tan extrema, no por la violencia ni por el asesinato sino por su absoluta despersonalización que busca objetivar al sujeto como efecto de cosificación del capitalismo. Es por ello que el discurso capitalista está en función de la pulsión de muerte porque su finalidad es reproducir lo inanimado, objetos de producción, de consumo o desecho.

El Estado capitalista es totalitario ya que se fundamenta en la creencia del Otro como Todopoderoso, justifica la violencia y sus valores represivos en tanto son un Bien Supremo. Es por ello que los ejecutores del sistema al servicio del capital creen genuinamente en "el bien" que realizan destruyendo al otro. Ya Lacan ha demostrado como el perverso es un kantiano, este se mueve por "el deber ser" del imperativo categórico, ya que cree en la omnipotencia del Otro y él se ubica como su operador, no sin la satisfacción personal de sus crímenes.

El discurso capitalista no debe verse como una abstracción sin nombre donde no se pueda depositar la responsabilidad de los actos homicidas en términos subjetivos a personas reales. Y a diferencia de lo que opina Hanna Arendt si existe una emoción de profundo odio por parte de los verdugos ya sean intelectuales u operativos, su odio nace en su absoluta cobardía en reconocer la futilidad de sus obsesiones que les aterrorizan: de que alguien pueda privarlos de su goce, siempre desmedido, por lo que viven en una paranoia homicida, y lejos de conquistar el placer, siempre en busca de un más allá de éste, terminan por optar por el exterminio, satisfaciendo con ello al final, su inconsciente sed de muerte.

La única salida para esta enajenación perversa que busca acabar con la diferencia con la otredad, es el ateísmo como manera de anular al Otro como absoluto. "En efecto, la existencia del ateo, en su sentido verdadero, no es concebible sino en el límite de una ascesis que vemos claramente que sólo puede ser una ascesis psicoanalítica" (Lacan, S10, 2007b: 332).

Para Nietzsche el sujeto tiene la posibilidad de transformarse de un creyente a un espíritu libre, si puede a través de su voluntad dionisiaca asumiendo la vida como carente de providencia, es decir aceptando lo trágico de la vida. Para ello el sujeto dionisiaco, el verdadero filósofo deberá dejar de tener fe en la religión no solo monoteísta sino también del Estado o la ciencia (el Dios moderno) como garantes de la existencia del ser humano, para así llegar a ser verdaderamente amo de sí mismo.

> Dondequiera que un hombre llegue al convencimiento básico de que debe ser mandado, se vuelve "creyente"; a la inversa, se podría concebir un goce y poder de autodeterminación, una libertad de la voluntad, en aquel espíritu que, ejerciendo en andar frágiles cuerdas y posibilidades y en bailar hasta en el borde de los abismos, deseche toda creencia, todo anhelo de certeza. *(Nietzsche, FW 2014: 262)*

El espíritu libre nietzscheano se revela al mandato del Otro, su *Übermensch (superhombre)* se vuelve agente de su propio destino. "El superhombre, en este sentido, sería aquel que sólo reconoce como autoridad suprema lo que le indica su libertad" (Sagols, 2006: 53). Él se atrevió a mirar al infinito sin esperar nada más que el abismo, su espíritu dionisiaco lo impulsa con su radicalidad a cruzar lo abisal, no creyendo más que en sus propios pasos, en su propio caminar, sin mirar abajo, pero también sin mirar arriba, tan solo fijando su mirada en la luz crepuscular que anuncia el ocaso de los ídolos, concibiendo a partir de ello, el "mediodía; instante de la sombra más corta; fin del error más largo; punto más elevado de la humanidad".

Nietzsche el filósofo amo, nos muestra el camino de un exceso: llegar a ser amos de nosotros mismos, radicalidad que nos traumatiza como sujetos en la medida que inconscientemente buscamos un amo a quien obedecer, es este el último hombre, el cual Nietzsche nos invita a superar con el ateísmo. "(...) el ateo como combatiente y como revolucionario, no es quien niega a Dios en su función de omnipotencia, sino quien se afirma como alguien que no sirve a ningún dios" (Lacan, *S10* 2007b: 332).

Capítulo 3.- El eterno retorno de la subjetividad

Para proceder a martillazos...

Lacan

Nos dice François Balmès (2002:154): "Comprobamos simplemente que la filosofía, sumada a otros saberes, sirve a Lacan al modo de una caja de herramientas de la que exhuma sin ninguna vergüenza los instrumentos más heterogéneos e incompatibles, con tal de que puedan ayudarlo, en un momento dado, a fabricar los conceptos analíticos que tiene en obra". Y continúa el filósofo y psicoanalista haciéndonos notar que:

Entre estos saberes, siente (Lacan) por la filosofía una especial predilección, de la que se excusa: "Lamento tener que remover ante ustedes el cielo de la filosofía, pero debo decir que sólo lo hago a la fuerza y obligado y, al fin y al cabo, porque no encuentro nada mejor para trabajar". Que haya una coherencia de origen en esta importación de herramientas no es asunto suyo. Por otra parte anuncia la brutalidad de su cometido, que introduce en estos términos: "para proceder a martillazos...", que es en resumen, otra referencia filosófica tácita, en este caso a Nietzsche (ibídem).

Si bien estamos en parte de acuerdo con Balmès sobre la "brutalidad del cometido lacaniano" habría que recordar que la frase de Nietzsche -como lo bien lo ha hecho notar Herbert Frey- "filosofar con el martillo", también remite a la figura del pequeño martillo que utiliza el médico para medir los reflejos del paciente, es decir como herramienta diagnóstica, quizás esta analogía clínica nos permita reflexionar de mejor manera la vinculación entre Lacan y Nietzsche en tanto clínicos de la cultura. El psicoanálisis es la promesa nietzscheana de un médico-filósofo que se atreviera algún día a desarrollar lo que Nietzsche sospechaba e intuía en su filosofía.

¿Cuál son estas intuiciones y sospechas sobre la naturaleza humana de las que el psicoanálisis es heredero y continuador? Hemos comentado a lo largo de nuestro recorrido, algunos conceptos fundamentales: el arte de la vida como sinthome, lo trágico de la existencia y el ateísmo en tanto cura ante el dolor de la vida. Pero aún (*encore*) falta la intuición que en la teoría del eterno retorno de Nietzsche, hace corresponder lo real del sujeto, el fantasma, el goce, la compulsión a la repetición freudiana y finalmente el desenlace del análisis que desemboca en la curación.

Si bien el eterno retorno de lo mismo, es uno de los conceptos más crípticos de la obra nietzscheana, es sin lugar a dudas uno de los más poderosos dentro de sus intuiciones, transforma profundamente nuestra percepción del mundo y nuestra concepción filosófica del ser humano.

Para poder vincular el eterno retorno de lo mismo, con los conceptos psicoanalíticos que, a nuestro entender son la continuación y el desarrollo a posteriori del origen de la especulación nietzscheana sobre "lo más originario" que retorna: "la finitud" y que en Lacan se relaciona con lo real que siempre vuelve al mismo lugar. Debemos utilizar al filósofo alemán Martin Heidegger que es para Lacan, lo que Nietzsche era para Freud, un interlocutor mudo, pero que en el caso de Lacan como ya hemos corroborado no existe una inhibición en utilizar la filosofía como utensilio para su proyecto teórico de revolución freudiana y para su práctica clínica. Por su parte, Freud fóbico a la lectura abierta de la obra de Nietzsche, y quizás mucho más influenciado por éste debido a lo inconsciente de su rechazo. Lacan abiertamente se muestra interesado por la filosofía de Heidegger y éste a su vez por Nietzsche al que cataloga como el último gran metafísico y cuya influencia se hace presente en toda la filosofía francesa posnietzscheana: Sartre, Foucault, Deuleze, Derrida, filosofías que se encuentran mediadas forzosamente por la obra de Heidegger, siendo con ello el filósofo más influyente del pensamiento contemporáneo.

La relación entre Nietzsche, Lacan y Heidegger se basa en la importancia otorgada a la experiencia de lo finitud como repetición de lo Mismo. Desde la filología al inconsciente freudiano, pasando por pre- teórico del ser. Esta repetición se establece en la relación ser con el lenguaje, donde no se establece una dualidad sino como Lacan lo pensó topológicamente en la figura de la banda de Moebius, una superficie con una sola cara y un solo borde, cuya propiedad matemática es ser un objeto no orientable. Esto quiere decir que el ser humano se constituye por el lenguaje y éste a su vez habita en él. La finitud como repetición de lo Mismo es la estructura del lenguaje, es como lo han mostrado Nietzsche, Lacan y Heidegger, es que: el lenguaje no es una mera representación formal de comunicación, sino el sostenedor de nuestra existencia, el operador de nuestro goce y el sentido de nuestra vida.

En el origen del lenguaje se encuentra la pulsión, en tanto que la pulsión es el límite entre lo somático y lo psíquico. La afectividad nace de está pulsión que permite reconocer nuestra condición material finita. Para Jacques Lacan la pulsión es uno de los cuatro conceptos fundamentales del psicoanálisis. En este concepto se moviliza la dimensión erótica lenguajera de la que se constituye el inconsciente freudiano. En Nietzsche existe la intuición de que la pulsión es de origen inconsciente y es la que mandaría sobre la conciencia. "La pluralidad de los instintos

(*Triebe*) – tenemos que aceptar un señor, pero este no está en la conciencia, sino la conciencia es un órgano, como el estómago" (Nietzsche, 27.Z II 5ª. Verano-otoño 1884: 27(26).

La pulsión en Nietzsche no es un instinto de supervivencia, sino que está ligado a su conceptualización de la voluntad de poder, como un deseo de querer que puede incluso contraponerse a la necesidad de conservación etológica de los animales, manifestándose una necesidad radical de dominio, la cual está en estrecha relación con el concepto de goce, en tanto que el ejercicio de la fuerza y el goce no son un medio para alcanzar el placer, sino que el placer mismo está en el acto de ejercer. "Contra el instinto (*trieb*) de conservación como instinto radical: antes bien, el viviente quiere descargar su fuerza- "quiere" y "tiene que" (¡ambas palabras valen para mí lo mismo!): la conservación solo es una consecuencia" (Nietzsche, W 12. Verano-otoño 1884: 26(278).

Es evidente que al diagnosticar la enfermedad moral del cristianismo, Nietzsche denuncia una inhibición enferma que busca el sufrimiento y se opone a la voluntad. Esta oposición marca la diferencia entre la pulsión de muerte y el deseo.

El displacer es un sentimiento al darse una inhibición: pero dado que el poder sólo puede hacerse consciente de sí en inhibiciones, entonces el displacer es un ingrediente necesario de toda actividad (toda actividad está dirigida contra algo que debe ser superado). La voluntad de poder aspira, por tanto, a resistencias, al displacer. En el fondo de toda vida orgánica hay una voluntad de sufrimiento (contra la "felicidad" como "meta") (Nietzsche, W 12. Verano-otoño 1884: 26(275).

Si bien en Nietzsche: "la idea de una pulsión de muerte es ajena a su concepción misma de la vida, por dos consideraciones precisas: por una parte transformar la muerte en principio positivo sería el síntoma de una concepción ascética de la vida; por otra parte la muerte está efectivamente presente de manera íntima en la vida, pero tan sólo sirve para medir la calidad de la vida" (Assoun, 1984:132). Sí podemos asumir que la concepción de Nietzsche de la voluntad de poder, es el antecedente genealógico del concepto de goce lacaniano. Esto debido a que la voluntad de poder es una fuerza que va más allá del equilibrio homeostático de los organismos, que requiere sobrepasarse, una necesidad radical de superar. En este sentido el concepto de goce de Lacan es distinto a la pulsión de muerte freudiana, porque en el primero se pone énfasis en la necesidad de tensión, es siempre un querer más, querencia que en sí misma no es una patología aunque puede estar ligada a ella, en tanto apetencia insaciable puede ser su sostén. Mientras que el concepto de Freud es el empuje a la distención como meta, es la finalidad presente en la enfermedad o el sufrimiento y sin embargo son equivalentes en su componente de repetición. "(...) el goce no es sólo sinónimo de placer, sino que lo subtiende una identificación y está articulado con la idea de repetición, tal como será aplicada en Más allá del principio del placer, al elaborarse el concepto de pulsión de muerte" (Roudinesco y Plon, 1998: 407).

"En el animal es posible derivar de la voluntad de poder todos sus instintos (*Triebe*): así mismo todas las funciones de la vida orgánica a partir de está única fuente" (Nietzsche, W 14. Junio-julio 1884: 36(31). Es decir, la voluntad de poder es una tendencia que busca transgredir un límite (la ley o la moral) y es allí donde podemos ver la hermandad conceptual con el concepto lacaniano del goce, que a su vez se encuentra estrechamente relacionado con el concepto de repetición freudiana de la pulsión de muerte. Lo que el concepto del goce lacaniano implica es que existe una motivación inconsciente que aspira a sobrepasar la norma, en su acepción moralizante y reguladora, ya sea como enfrentamiento antagonista ante ella o en su sumisión abyecta, no importa cual, lo que se busca es la transgresión de la norma como manera de acceder a un placer prohibido, que se opone a la siempre recurrente idealización ingenua de la felicidad plena.

Por ello las últimas formulaciones de Nietzsche relativizan la felicidad y sus panegíricos. Nietzsche diagnóstica en el discurso sobre "la felicidad suprema" la aspiración al sueño de los seres cansados y dolientes. Niega la universalidad de la tendencia eudemónica (streben nach Gück) invirtiendo la fórmula eudemonista: "El hombre no quiere la felicidad –no es ese su verdadero deseo". Eso significa: "La felicidad no es el fin: es la sensación de poder" (*Machtgefühl*) Consecuencia: Libertad significa que los instintos viriles, los instintos jubilosos de guerra y de victoria predominan sobre otros instintos, por ejemplo sobre la felicidad- palabra que en adelante llevará comillas. Esto equivale a decir que el Superhombre, al superar la Vida, supera su propia voluntad de felicidad. Lo cual significa que la Voluntad de Poder es un verdadero más allá del principio de felicidad. (Assoun, 1984: 136)

Es así que para Nietzsche, no se trata nunca de la idealización de la vida, sino de comprender la naturaleza profundamente erótica de la existencia, incluso en su dimensión aterradora como manera de estar en el mundo, sin recurrir a la anestesia teleológica del supremo bien para dejar de sentir la vida.

"Una tal concepción provisional para lograr la fuerza suprema es el fatalismo (ego-fatum) (la forma más extrema "eterno retorno"). Para soportarlo, y para no ser optimista, se tiene que suprimir "bien" y "mal" (böse)" (Nietzsche, 27.Z II 5ª. Verano-otoño 1884: 27(67). La solución de Nietzsche para el dolor de la existencia, no es la religión o todos sus sustitutos metafísicos, sino la constitución de la experiencia trágica de la vida, no como manera de resignación sufriente, sino como heroicidad alegre ante el destino. La risa irreverente como arma de combate para dislocarse de cualquier lugar de víctima.

A partir de este recorrido podemos mostrar convincentemente que la base del inconsciente es la pulsión sexual y su prohibición culpable es el origen de la subjetividad de occidente. Tanto Nietzsche, Freud y Lacan han descubierto la naturaleza subversiva del deseo ante la cultura, subversión que crea siempre una disonancia con el cansancio doliente de aquellos espíritus esclavos de la pasividad contemplativa teológica, inercia mortuoria de la neurastenia moderna.

Deseo y goce, dos caras de la misma moneda, acuñada en el Id, concepto establecido por Nietzsche y recuperado por Groddeck (1923) y luego por Freud, donde el primero: "tenía la intuición y sobre todo el lenguaje para procesos pulsionales altamente diferenciados en el límite del inconsciente" (Safranski, 2009: 346). Para concluir-utilizando el método psicoanalítico- debemos regresar al origen, uno ficticio como todo origen, cargado de mitos y de imaginación, pero no por ello menos real y verdadero, ya que siguiendo a Nietzsche, el núcleo de verdad yace en la necesidad de su uso para con la vida o en contra de ella. Esa necesidad radical es el: "Wunch de Freud que en Nietzsche es Willie zur Macht, voluntad de poder; y un Macht de Nietzsche que en Lacan es Jouissance (goce)" (Braunstein, 2005:317).

Para Heidegger, la filosofía ha pecado de ingenuidad al confundir la pregunta del ser por la pregunta del ente, en tanto que el ser y el ente no son lo mismo, al igual que en psicoanálisis la conciencia y el inconsciente no pertenecen a la misma dimensión. "Es que el ser no es nunca ningún ente, ni un principio de los entes, ni el "fondo de la realidad". No es tampoco algo inefable, porque el ser hace justamente posible el lenguaje; el ser es lo que hace posible hablar de las cosas" (Ferrater Mora, 2009:1596). El ser para Heidegger es el lenguaje, pero no como circuito sino como apertura, ¿cuál sería esta condición que le permite permanecer abierto? Nos parece que lo que hace posible esta apertura es el inconsciente freudiano, porque es éste donde se muestra lo incompleto del lenguaje a través de lo real inexpresable que permite precisamente la apertura y al mismo tiempo es la repetición de lo más originario. Del mismo modo en Nietzsche encontramos la búsqueda del estatuto de lo más originario del eterno retorno y que como bien nos dice Safranski, no debemos entender en esta doctrina una circularidad sin sentido, sino una estructura: "De esa manera la doctrina de eterno retorno de lo mismo no tiene el rasgo de un cansancio resignado del mundo. El movimiento circular no ha de vaciar el acontecer en el absurdo y la inutilidad, sino que en Nietzsche pretende condensar el pensamiento del retorno" (Safranski, 2010:353).

Así mismo el inconsciente freudiano no es una cosmovisión, ni una imagen del mundo, es propiamente el origen de toda interpretación sobre éste. "La pregunta por el ser ha de impedir que el mundo se convierta en imagen del mundo. Cuando Heidegger advirtió que este "ser" mismo podía convertirse en una imagen del mundo, escribió "ser" (seyn) con i griega y a veces recurrió a cruzar la palabra "ser" con una línea" (Safranki, 2010: 355). ¿No es esto precisamente lo que realiza Lacan al cruzar la S del sujeto, reintroduciendo la falta como estructura originaria? La que permite desustancializar al sujeto y sujetarlo al mismo tiempo al inconsciente.

Para Nietzsche la voluntad de poder y el eterno retorno de lo mismo se encuentran en íntima relación, en ese devenir, cuya inspiración Nietzsche encuentra en Heráclito. Su eterno retorno nos brinda, lo que ha caracterizado siempre su filosofía, su distintivo rasgo obscuro, aterrador, demasiado humano de la existencia. Lugar de lo pulsional: causa de la desesperación y causa de alegría. Sólo aquello que puede experimentar profunda emoción puede considerase vital.

Desde *El nacimiento de la tragedia,* Nietzsche ha trastocado nuestras defensas al proponer como finalidad de la representación trágica la participación del espectador en el coro como una experiencia fundamental de conectarse con el drama humano. A diferencia de Aristóteles que piensa que la finalidad de la tragedia es la catarsis, la purga de las emociones, visión que rechaza lo terrible por expulsión tóxica. La visión de Nietzsche busca reconocer en la tragedia lo más originario del ser humano, reintroduciéndolo en el mundo, permitiéndole ser consciente de su finitud y precariedad, no para una resignación sino para acceder a un gozo superior, el cual se basa en el reconocimiento de su propio ser, de su propia verdad. ¿No es acaso lo que defiende Lacan con su traducción de *wo es War soll Ich werden*? Donde el ello era, el yo debe advenir y no como lo plantea la psicología del yo, transformar el ello en yo, es decir, purgarlo. La concepción de Lacan mucho más nietzscheana plantea por el contario, conducir al yo por el los senderos del inframundo del ello, conducirlo por el camino del horror de la finitud, de donde saldrá revitalizado, reintroducirlo a la tragedia como única manera de salir de ella.

En Nietzsche la tragedia también se encuentra profundamente relacionada con el Destino, de tal manera que el héroe trágico, llámese Edipo o Antígona deben su heroicidad a la manera como enfrentan la Moira. En el eterno retorno de lo mismo hace hincapié en lo cíclico del Destino, no como una repetición sin sentido sino como lo traumático que se repite, dando la oportunidad al ser humano de devenir heroico, al confrontarlo. Para Nietzsche hayamos en este eterno retorno el sentido de nuestra existencia. Tanto Freud como Nietzsche fueron más allá de la filosofía de Epicuro cuyo planteamiento sobre el miedo a la muerte, no deja de adolecer de profunda ingenuidad. Para Epicuro no hay que preocuparnos por la muerte porque cuando ella aparece, nosotros ya no estamos. Lo que Epicuro no alcanza a ver y Nietzsche, Freud, Heidegger y Lacan sí, es que la muerte es la condición existencial de lo humano, en tanto experiencia de finitud. Es esta condición finita y de precariedad lo que nos permite permanecer en la esfera humana y el retorno de lo cíclico como materialidad nos recuerda y nos impone el encuentro con nuestra autoconciencia como lo abierto del abismo abisal.

Es este pensamiento el que busca el recuerdo del ser y nos impulsa a salir de nuestro esquema de seguridad, construido por el olvido de aquel y nos empuja a través de las formaciones del inconsciente (el sueño, el chiste, el lapsus y el síntoma) a recordar nuestra antinatural llegada al mundo, como una perturbación en la paz eterna de lo inorgánico.

Volvamos a nuestro concepto central en el encuentro entre Nietzsche, Heidegger y Lacan: la repetición de lo Mismo, la cual tiene su origen en la pulsión. Esta pulsión que en Nietzsche podemos vincular con lo dionisiaco, nos permite pensar el nacimiento del inconsciente como el devenir de lo dionisiaco y lo apolíneo, como la irrupción del nombre en el caos de lo desconocido como lo señala Blumenberg, como la apertura que hace el ser en el tiempo, pero también lacanianamente como aquel resto inasimilable del universo simbólico que no puede ser absorbido por éste, lo que llamó Lacan, el objeto pequeño a, objeto de desecho que cae, que manifiestamente produce el final de la transferencia y la asunción de lo trágico de la existencia como manera de singularizar nuestro deseo haciéndose cargo del goce fuera de toda ilusión, de todo envolvimiento reasegurador que nos separe de la angustia del devenir y al mismo tiempo nos impedía entregarnos a la alegría del plus-de-goce, donde plus indica en francés tanto el ya no más como el más, por una parte la disminución del goce letal y por la otra la satisfacción del trabajo en el sentido marxista de apropiación de lo transformado. En términos nietzscheanos transformarse en obra de arte, en afirmación de sí mismo, reinvención de sí.

Si bien para Heidegger, Nietzsche no ha podido superar la metafísica debido a que todavía necesita de una imagen del mundo expresada a través de su voluntad de poder, ya que en ella busca fundamentar su eterno retorno de lo mismo. Según Heidegger el ser del tiempo queda subsumido a esta condición, no permitiendo con ello una autentica apertura del sentido del tiempo. Es Heidegger mismo quien se nombra aniquilador de la metafísica con su concepción ontológica del tiempo. Afirmación que pretende situar su filosofía por encima de la Nietzsche en su sentido destructor de la tradición occidental.

Sin embargo, según ha puesto de relieve Karl Löwith en una crítica de las lecciones de Heidegger sobre Nietzsche, puede cuestionarse quién de los dos, Heidegger o Nietzsche, pensó más radicalmente lo abierto, y quien de ellos volvió a buscar soporte en una dimensión envolvente. En cualquier caso, para Nietzsche la vida "dionisiaca", que lo envuelve todo, no era ningún fundamento sustentador, sino un abismo, que constituye una amenaza para nuestros intentos "apolíneos" de fijarnos por nosotros mismos. Quizás habría sido Nietzsche el que hubiera podido echar en cara a Heidegger una falta de radicalidad en la superación de la necesidad de seguridad. Quizás él habría considerado el "ser" de Heidegger solamente un trasmundo platónico, que nos ofrece protección y seguridad. (Safranski, 2010:356)

Creemos que la teoría psicoanalítica lacaniana es radical en su cuestionamiento sobre el humanismo ya que ella es quien cuestiona los postulados normalizadores de nuestra sociedad contemporánea, donde la búsqueda del placer y el pragmatismo son las tendencias terapéuticas publicitadas por el sistema capitalista. Las terapias *new age* han cuestionado el lugar del psicoanálisis como paradigma de la cura del alma para proponer una serie de fórmulas reguladoras principalmente para lograr alcanzar la salud mental y la felicidad a partir de buscar el placer. Sin embargo pareciera que desconocieran El más allá del principio del placer, que en Lacan se llama goce y que envuelve todo nuestro quehacer y trastoca todo intento de normalización y adaptación. El goce del sentido es camuflaje debido a que su permeabilidad y difusión pueden llenar de sentido racionalizado para pasar desapercibido y sofocar todo intento de ser escuchado. Es así que las terapias new age están infectadas de goce sin saberlo, porque no son conscientes del mandato inconsciente que sus clientes experimentan por alcanzar el placer y el consumo alienante. La premisa psicoanalítica es encontrar no el goce del sentido sino el sentido del goce, para así hacernos cargo y acceder a él por la escala invertida del deseo.

El psicoanálisis para el último Lacan debe salir de la esfera del deseo del Otro, postura hegeliana para alcanzar la singularidad del Uno, es decir llegar a no creer que el Otro pude decirnos lo que somos. Sólo a través del atravesamiento del fantasma y de la identificación con nuestra manera de gozar, la cual se encuentra encriptado en el síntoma, puede uno encontrar lo "propio" del Uno ese resto no simbolizable que implica la causa de nuestro deseo y de nuestro goce (objeto pequeño a). El origen de nuestra singularidad sólo puede estar en la manera en la que gozamos, para acceder a comprender nuestra singularidad debemos reconocer lo auténtico de nuestro ser como falta –de- ser, lo que Freud llamó el núcleo duro de la castración y Lacan denominó lo real. Es decir, lo que el psicoanálisis muestra es que no existe un significante en el Otro que pueda dar cuenta de mi ser, en tanto que no existe el significante de la diferencia sexual. La cual marca para siempre el hueco producido por el goce completo de acceder a "La cosa" (das Ding), lugar del mito incestuoso, donde el sujeto pudo haber estado completo, en donde no existiría degradación de la vida amorosa, en tanto que el deseo sexual y la ternura, no fueran excluyentes. Fantasía edipica que marca profundamente a la humanidad, introduciendo con su falta y prohibición el lugar del deseo.

Es así que la experiencia psicoanalítica no es ontológica sino ética, ante esta precariedad, sólo resta inventar una combinatoria al servicio de la vida, que permita ya no buscar el ser -ya que sólo hay la falta –de- ser- sino buscar "hacer con", es decir pasar del ser al tener, "hacer con el goce" implicará necesariamente hacerse cargo de éste. Esta perspectiva encuentra total resonancia con Nietzsche, ya que para el Maestro del eterno retorno, la existencia es trágica y debemos asumir este drama humano de la vida, por vía de la creación, es lo que a fin y al cabo pasa con la propia vida de Nietzsche, su filosofía fue la cura a su precariedad al convertirse en un filósofo artista, en Acontecimiento creador para las futuras generaciones, pero sobre todo para él mismo. ¿No es esto lo que el psicoanálisis ha mencionado continuamente, que no existe lo patológico y lo normal en la clínica psicoanalítica? Sino como ha mostrado convincentemente Guillem Le Blanc (2010) se trata más bien de un sufrimiento psíquico paralizante y un sufrimiento psíquico creador que produce movilidad de pensamiento y de acción. Este pasaje de un sufrimiento al otro es lo que posibilita la cura en psicoanálisis.

La negatividad propia de los postulados psicoanalíticos de lo que se sustrae, de lo que no es, de lo que falta, de lo inalcanzable, de la aporía del final. Se supera con Lacan, haciendo el recorrido con Nietzsche con su concepto del parlêtre, rompiendo la noción de sujeto para dar cuenta de lo más originario del "serdiciente", que en su discurso yace la manera de ser-en-el mundo, de poder reinventarse para poder salir de la decadencia del nihilismo, representado por el discurso psiquiátrico contemporáneo que pone todo el sentido de los síntomas del sufrimiento humano en un intercambio neuroléptico de sodio-potasio, ha privado de la palabra al ser. "Sin el hombre el ser sería mudo:

estaría ahí, pero no sería lo verdadero". (Alexandre Kojève, citado por Safranski, 2010:426).

El parlêtre para el psicoanálisis es del orden de lo real, es la dimensión propiamente positiva de la teoría lacaniana que nos remite, a reintroducir la voluntad de poder nietzscheana, el ser que goza del lenguaje, cuyo residuo en el universo simbólico estandarizado ocupa el lugar de exceso, lo que ya no se acopla por parte del sujeto a lo social: su particular manera de sentir placer, dolor y de interpretar el mundo.

Lacan crea un acto filosófico radical al concebir el análisis como el ejercicio para provocar la tachadura del gran Otro, esto significa que el sujeto se des – aliena de su ideología. Podríamos decir también que abre sus ojos ante ella.

La "ideología" ha sido un aspecto del sensismo, o sea del materialismo francés del siglo XVIII. Su significado originario era el de la "ciencia de las ideas", y dado que el análisis era el único método reconocido y aplicado a la ciencia, significaba "análisis de las ideas".

Las ideas debían ser descompuestas en sus "elementos" originarios, y éstos no podían ser sino las "sensaciones": las ideas derivan de las sensaciones. Pero el sensismo podía asociarse a la fe religiosa, a las creencias más extremas en la "potencia del espíritu" y en sus "destinos inmortales" (Gramsci, 1975: 56-59).

En la ideología la relación real está inevitablemente investida en la relación imaginaria: relación que expresa más una voluntad (conservadora, conformista o revolucionaria), una esperanza o una nostalgia, que la descripción de una realidad. (Althusser, 1968) Este es el registro imaginario, la que se articula con lo simbólico y lo real. Este imaginario es el resultado de una serie de identificaciones a la imagen especular y a los ideales, dadores de sentido y cuya fuerza motora es la identificación. "Me amo a mí mismo en la medida en que me desconozco, sólo (*autre*) con una a minúscula inicial, lo que explica la costumbre de mis alumnos de llamarlo el pequeño otro" (Lacan, 2005:47).

Es la imagen del mundo como representación narcisista la que da origen a la metafísica. Este pensamiento metafísico del que tanto se quieren desprender con su crítica filosófica tanto Nietzsche como Heidegger. En tanto que la imagen del mundo es una concepción reaseguradora alienante que no permite acceder a la vida. Es así que toda la crítica de Lacan a la psicología del yo, se encuentra fundamentada en la pertenecía por parte de Lacan a la tradición del desenmascaramiento, que denuncia lo imaginario como portadora de sentido ideológico cuyo eje epistemológico es la conciencia del yo, dejando de fuera la realidad del inconsciente, la que nos proporciona en términos heideggerianos el "desocultamiento", debido a que, como ya habíamos mencionado con anterioridad, el psicoanálisis busca en el origen la causa de nuestro comportamiento.

El hombre no vive en un universo puramente físico sino en un universo simbólico. Lengua, mito, arte y religión son los diversos hilos que componen el tejido simbólico. Cualquier progreso humano en el campo del pensamiento y de la experiencia refuerza este tejido. La definición del hombre como animal racional no ha perdido nada de su valor pero es fácil observar que esta definición es una parte del total. Porque al lado del lenguaje conceptual hay un lenguaje de la imaginación poética: Al principio, el lenguaje no expresa pensamientos o ideas, sino sentimientos y afectos.

Esto ya está en Freud –en el yo – detrás del discurso del sujeto se encuentra su vida afectiva, su transferencia con el Otro. Así Michel Tort (1970:11) ha dicho:

> El psicoanálisis es una disciplina teórica inscrita en el continente del materialismo histórico, como una teoría del proceso de producción y de reproducción de los individuos soportes bajo el doble aspecto antagonista del sometimiento-*desometimiento* (...)

Se puede afirmar entonces que Lacan es un desmitificador de la ideología, al igual que Nietzsche, crea una teoría crítica, porque al indagar en las construcciones sociales del individuo, proponiendo que lo mueven discursos que no son de él propiamente, sino representantes del Otro, funge entonces como un elemento disidente del campo del poder y de la ideologización.

La primacía de lo visible sobre lo inteligible, lleva a un ver sin entender, que va liquidando con el pensamiento abstracto, con las ideas claras y distintas. Es un hecho que la televisión estimula, por ejemplo, la violencia, y también que informa poco y mal, o que en palabras de Habermas, es culturalmente regresiva.

Es decir, el registro de lo imaginario es producto de los efectos más recientes de la globalización comunicacional y diversificación tecnológica en los complejos industriales-culturales, la idea de cultura moderna no se vincula a contenidos modernos, sino a la capitalización de insumos tecnológicos.

El psicoanálisis, es una disciplina que influye de manera radical en la estructura de la ideología del sujeto, al posibilitar un ejercicio de reflexión sobre el deseo del Otro. El sujeto entonces se descubre escindido por la falta porque es producto del Otro, este es el primer paso del análisis, ya que el sujeto no sólo tiene que ver la falta en sí mismo, sino también en el Otro, es esto lo que le posibilita reescribir pasar de lo imaginario a lo simbólico, al reescribir su historia, su manera de contársela, lo llevará re-significarla.

El psicoanálisis propone que el sujeto tiene la posibilidad de replantear y reconstruir su historia particular a través de su vaciamiento de sentido. El llegar a una cura psicoanalítica, es la afirmación del analizante de la libertad de encaminarse a su deseo, de reconocerlo y quizás de tener la experiencia de vivirlo.

Es necesario reconocer que lo que se desea es, a su vez, producto del discurso del Otro, del inconsciente, de un guión de vida escrito para nosotros, y su única posibilidad de salir de la enajenación es poder "ver el vacío de sentido" por parte del Otro para decir la verdad de sujeto que constituye el deseo del Otro, es por eso que el analista debe caer como deshecho en el imaginario del analizante. Producir la tachadura del Otro, darse cuenta que la demanda hacia el Otro, es su propia respuesta.

La pregunta que el analizante realiza al analista: ¿qué soy para el Otro? No tiene más respuesta que la pregunta misma, es su vaciamiento de sentido, no hay en el Otro el significante que me diga lo que en verdad soy, soy solamente el vacío de significado en el Otro.

Después de esta afirmación, es fácil que caer en una falsa conjetura y creer como se acusó a Nietzsche de nihilismo, al proclamar la muerte de Dios, como fin del sentido absoluto. De igual manera el psicoanálisis es nombrado nihilista porque denuncia la falta en el Otro. Al ubicarse el analista en la función del sujeto supuesto saber, cuestiona lo mismo que lo hizo Sócrates, el conocimiento dado, pero a diferencia del maestro de Platón, el psicoanálisis no busca una verdad absoluta y siguiendo el camino de Nietzsche, su objetivo es que el paciente encuentre sus propios valores, valores para la vida, la propia. Mucho más cercano el psicoanálisis a los sofistas que a Platón, al igual que Nietzsche, la tesis central del psicoanálisis es pasar del ente, yo ideologizado de sentido por el Otro, a la falta de ser y por último pasar al tener, ¡fin de la metafísica!

"Quiero decir que lo encuentra de entrada Heidegger en esta búsqueda (del estatuto del conocimiento), una cierta relación del ser ahí a un ente (*étant*) que es definido como utensilio, herramienta, como útil, como algo que se tiene en la mano del que se sirve, como *Zuhandenheit* para lo que está en la mano" (Lacan, 6 de junio de 1962, seminario de la identificación, inédito).

Para el psicoanálisis, es este tener, hacer con, lo que lo saca de la metafísica y al mismo tiempo, le posibilita echarle en cara a la ciencia positiva su caída en el nihilismo. Para mostrar esto damos el siguiente ejemplo:

Una persona diagnosticada con TOC (trastorno obsesivo compulsivo) en las neurociencias, concibe al paciente como alguien que sufre de una alteración bioquímica que lo transforma en enfermo, por lo que la terapéutica se concentrará en quitar el síntoma para "normalizar" al paciente, pero lo que en verdad ocurre es que, se le separa al paciente del sentido de su síntoma particular –referido éste a su goce singular- que retorna desde el inconsciente en forma de malestar. Es decir, es la ciencia quien ha devaluado el sentido de la "enfermedad" del paciente para sustituirlo con un gran sentido que se homologue a los ideales universales de la ciencia, forcluyendo con ello al sujeto de su propia enfermedad. Incluso la psicoterapia no deja de contener imposturas del lado del gran sentido teleológico. Pensemos acerca de alcohólicos anónimos, fundado por un expaciente de Jung incurable de alcoholismo. La recomendación del maestro de Zúrich para su paciente "John Doe" es buscar la religión, y así poder alcanzar una epifanía o una revelación divina que lo conduzca a su salvación. Los Doce Pasos de Alcohólicos Anónimos son muy importantes, porque son el modelo de todos los demás grupos de autoayuda, Neuróticos Anónimos, Narcóticos Anónimos, etc...

1. Admitimos que éramos incapaces de afrontar solos el alcohol, y que nuestra vida se había vuelto ingobernable.

2. Llegamos a creer que un Poder Superior a nosotros podría devolvernos el sano juicio.

3. Resolvimos confiar nuestra voluntad y nuestra vida al cuidado de Dios, según nuestro propio entendimiento de Él.

4. Sin temor, hicimos un sincero y minucioso inventario moral propio.

5. Admitimos ante Dios, ante nosotros mismos y ante otro ser humano, la naturaleza exacta de nuestras faltas.

6. Estuvimos enteramente dispuestos a que Dios eliminase todos estos defectos de carácter.

7. Humildemente pedimos a Dios que limpiase nuestras culpas.

8. Hicimos una lista de todas las personas a quienes habíamos perjudicado, y estuvimos enteramente dispuestos a reparar el mal que les ocasionamos.

9. Reparamos directamente el mal causado a estas personas cuando nos fue posible, excepto en los casos en que el hacerlo les hubiere infligido más daño, o perjudicado a un tercero.

10. Proseguimos con nuestro inventario moral, admitiendo espontáneamente nuestras faltas al momento de reconocerlas.

11. Mediante la oración y la meditación, tratamos de mejorar nuestro contacto consciente con Dios, según nuestro propio entendimiento de Él, y le pedimos tan sólo la capacidad para reconocer Su voluntad y las fuerzas para cumplirla.

12. Habiendo logrado un despertar espiritual como resultado de estos pasos, tratamos de llevar este mensaje a otras personas y a practicar estos principios en todas nuestras acciones.

Es claramente verificable las siete veces que se repite Dios como garante de un sentido mayor, que funciona a la vez para ocultar el verdadero sentido: la manera singular de gozar del alcohol.

La idea de entregarse a un poder superior puede y sirve como terapéutica, pero nunca nos conducirá a la verdad del sujeto. Su terapéutica se basa completamente en la sugestión imaginaria bajo la presencia del Otro como portador de significado que da al sujeto el sentido de su existencia. Por el contrario el psicoanálisis trabaja por transferencia y su finalidad terapéutica es su desfallecimiento.

La separación contundente entre Freud y Jung tiene que ver con el sentido teleológico. Para el primero el inconsciente es un concepto abierto por lo indomable de la pulsión sexual, mientras que el segundo concibe al inconsciente como cerrado y fundamentado en una libido trascendental. En términos nietzscheanos: Freud concibe el origen del inconsciente en lo dionisiaco y Jung en lo apolíneo. Quizás sea más adecuado pensarlo como Nietzsche lo planteo como un contraflujo en eterna rivalidad. Sin embargo sabemos que el propio Nietzsche, al igual que Freud, puso el énfasis de su filosofía en lo obscuro del deseo, en la figura de Dionisos como paradigma para pensar la realidad del mundo.

Al basarse el psicoanálisis en la pulsión como concepto de origen, lo mantiene más cercano al discurso de la ciencia y lo aleja de toda orientación idealista o religiosa. Es así que Freud (1927) nos dice en *El porvenir de una ilusión*: "No; nuestra ciencia no es una ilusión, si lo sería creer que podríamos obtener de otra parte lo que ella no puede darnos" (Freud, 1994b: 55). ¿Qué es eso que no nos puede dar? Un Otro que garantice nuestro deseo.

Es así que en los grupos AA: la demanda de no tomar viene por parte de Dios (Otro), el sujeto queda desplazado a un mero ejecutor del mandato. La verdadera cura consistiría en transformar el goce en saber, saber sobre el goce, para así saber hacer con, y poder hacerse cargo. Esto mismo se manifiesta en la ética de Heidegger en Ser y tiempo: "haz lo que quieras, pero decide tú mismo y no permitas que nadie asuma en tu lugar la decisión y, con ello, también la responsabilidad" (Safranski, 2010: 203).

Es quizás esta premisa la que inconscientemente rechazamos, queremos que alguien más nos diga que hacer para no tener responsabilidad de nuestras acciones. ¿Podría ser que haya un miedo mucho más profundo al encarcelamiento...el de la libertad? Quizás lo insoportable sea precisamente que no estamos anclados a un determinismo, sino que hemos creados mecanismos reaseguradores en contra de lo indeterminado. ¿No es esto acaso lo que nos propone las filosofías de Nietzsche y Heidegger, volver a lo abierto?

Lacan sigue por el camino de Nietzsche y Heidegger para encontrar la repetición de lo Mismo, su caminar es riguroso y se sostiene en las intuiciones de estos filósofos, pero será Freud quien lo conduzca a su fundamentación a través del objeto del psicoanálisis.

> (...) nosotros también aquí buscamos el estatuto, si se puede decir, anterior al acceso clásico del estatuto del objeto, enteramente concentrado en la oposición sujeto-objeto ¿Y lo buscamos en qué? En algo que, sea cual fuere el carácter evidente de aproximación, de atracción en el pensamiento, tanto de Heidegger como en Lévi-Strauss, éste es distinto, pues ni uno ni otro nombra como tal a este objeto como objeto de deseo. (Lacan, 6 de junio de 1962, Seminario de la identificación, inédito)

El psicoanálisis siguiendo la filosofía de Nietzsche funciona como el gran destructor de las ilusiones y de los pretextos, es "desenmascarador". Y aunque Freud puso todo su empeño por encuadrar su descubriendo a la ciencia natural a través del racionalismo de su método, su proyecto no es un sueño racionalista.

"Su antítesis –llamémosla así –es justamente el instinto de muerte. Es un paso decisivo en la aprehensión de la realidad, una realidad que supera ampliamente lo que así se denominamos en el principio de realidad. El instinto de muerte no es una confesión de impotencia, no es la detención a un irreductible, un inefable último. El instinto de muerte es un concepto" (Lacan, *S2* 2004:112).

Lo que Lacan llamará goce es la base de nuestro fantasma cuya producción imaginaria y simbólica recubre lo real y cuya función es enmarcar la realidad. El fantasma es el velo de maya que oculta y des oculta a través del inconsciente nuestra división como sujetos. Lacan nos enseña que hay un fantasma característico por cada estructura, y es el acto de su atravesamiento donde se deciden los desenlaces del análisis. Este fantasma busca librarnos del horror del saber, pero lo real del trauma siempre regresa como manera de recordarnos nuestra precariedad y finitud. El síntoma es la manera en la que sobre compensamos nuestra falta-de-ser, porque lo que retorna es lo inaprensible, lo abierto de donde se funda el deseo. Sólo puedo vincularme con este deseo gozando de su imposibilidad y no deseando su imposibilidad, es decir, debo saber que mi precariedad y finitud es estructural y es esta vulnerabilidad de la que gozo para alcanzar el deseo que no es otra cosa, que querer lo que se tiene. Si por otra parte deseo la precariedad y la finitud, me garantizo el goce eterno, siempre en la insatisfacción de no alcanzar lo que no se tiene.

El psicoanálisis se aparta de la ontología para constituirse como una ética cuyo recorrido Nietzsche desbroza y señala su horizonte: la "tragicidad" de la existencia, no porque quiera llevar al sujeto a una vida abnegada, sino porque la aceptación del sin sentido del mundo, lo conducirá a una alegría más plena, la que le otorga la apropiación del deseo, el cual, una y otra vez será necesario reconquistar, puesto que hay que dejarlo perder en nuestro andar por el mundo y al igual que el eterno retorno de lo mismo, lo que siempre retorna es lo más singular de nosotros: nuestro tropiezo, nuestra manera única de gozar la vida.

Capítulo 4.- Psicopatología de la moral

Lacan junto con Nietzsche, es aristotélico cuando afirma que lo que viene después de esta condición (el desmantelamiento de la moral) es un goce que a él le gusta llamar el goce de la vida.

Silvia Ons

¿Qué es la psicopatología de la moral? Un proyecto médico psicológico cuya finalidad es diagnosticar la herencia mórbida religiosa del pensamiento occidental, y así combatir con total fiereza a la enfermedad cristiana y su resentimiento hacia la vida. Fue Nietzsche el gran psicólogo cuya voluntad de poder construyó la medicina contra el influjo sacerdotal de la ideología monoteísta, bajo el epíteto del Acontecimiento, verdadero antídoto a la metafísica. De tal manera que no es Heidegger el destructor de la metafísica sino Nietzsche, por más que el primero se reconozca como su ejecutor. La tesis heideggeriana de que Nietzsche es el último metafísico se desprende de la idea de que Nietzsche es el depositario de una nueva axiología fundamentada por los conceptos de la voluntad de poder y el eterno retorno, sin embargo no está en Nietzsche el objetivo de fundar una nueva religión, sino destruir todos los ídolos, toda forma sacerdotal de pensamiento, por ello su radicalidad es monstruosa. La verdadera tesis nietzscheana no es la fundación de nuevos valores sino la apropiación de la vida como valor supremo.

El método de Nietzsche es la evaluación. Evaluar es la manera como Nietzsche diagnostica la cultura occidental, la forma en la que él puede hacer la radiografía del estado que guarda occidente frente a la existencia. Su prognosis, es que el cristianismo por vía del idealismo alemán ha infectado la capacidad del ser humano para vivir en el mundo. Nos hemos enfermado de idealismo, hemos perdido lo verdaderamente importante que implica el gozo de la vida, para sustituirla por la debilidad del racionalismo espiritual, para ya no pensar en nuestro destino, en nuestra finitud y por ello se nos escapa nuestra experiencia de vida, de vivir cada día como el último día y al mismo tiempo como aquel que se repetiría por siempre, porque aceptamos la vida tal como es. Hemos perdido el destino por la idea del más allá, por no pensar en nuestra finitud, nos privamos por ello del placer de vivir.

Lo que Nietzsche nos ha mostrado con su pensamiento radical es lo invaluable, éste no en un concepto, ni es una idea, la cual estaría contaminada por la teología, lo invaluable es un acto, específicamente un Acontecimiento, es decir una forma transgresiva de acción, una manera de estar en el mundo en plenitud. Necesariamente transgresiva porque es una explosión que rompe con la cotidianidad, un shock que restablece lo vital de la existencia, en contra de todo pensamiento anquilosado y moralista, un salto que rompe con la rigidez mortuoria de la normalidad de los valores cristianos. Para Nietzsche este Acontecimiento tiene un nombre y su nombre es: "Nietzsche". Nietzsche es el precursor de Nietzsche, su propio nombre cuya metonimia se hace visible en toda su obra con otros nombres propios: Zaratustra, Dionisos, el Anticristo. El pensamiento de Nietzsche, su legado histórico se manifiesta en él mismo, en su propio devenir cronológico como aquel que ha nacido para partir en dos la historia del mundo.

La importancia del Acontecimiento Nietzsche es un parteaguas en dos mil años de cristianismo. Porque al mismo tiempo que Nietzsche es su propio antecedente es el comienzo de un nuevo amanecer para la humanidad, Nietzsche ha venido sólo con la finalidad de dar a luz a Nietzsche para así constituir un anclaje que permita conocer lo invaluable, la subjetividad misma y destruir la verdad cristiana, dejando atrás al último hombre para dar lugar al superhombre Nietzsche. De ahí se desprende que el eterno retorno de lo mismo, involucre necesariamente al propio Nietzsche: su historia es el factor que da origen al retorno. Nada debió de ser de otra manera, sino tal como fue y como es. Se entiende por ello el epígrafe de Píndaro utilizado por Nietzsche en el *Ecce Homo*, *"enoi enoi oios essi"* (llegar a ser quien eres) frase modular que representa la tesis básica del eterno retorno de lo mismo y de pensamiento nietzscheano de transformación. ¿No es acaso esta poderosa idea lo que se presenta también como el objetivo de la cura psicoanalítica? transformar al paciente en lo que realmente ya es.

El psicoanálisis es heredero de Nietzsche precisamente por el gesto inaugural del pensamiento nietzscheano como critica a la sacralidad de la verdad única. Aunque Freud prefirió siempre la literatura y la arqueología como herramientas teóricas para nutrir su obra antes que la filosofía, será Lacan, el que retome a la filosofía como interlocutor válido para el psicoanálisis, como manera de ruptura y provocación para con el establishment psicoanalítico anglosajón, para así, por vía de la filosofía diferenciar al psicoanálisis del reduccionismo de la ciencia positiva. Y paradójicamente también será también Lacan quien retomará con mayor fuerza, que incluso el propio Freud el gesto de desmantelamiento de la moral de Nietzsche, al inventar la escansión[13] en

---

[13] Con este modo de intervención, el analista muestra su disponibilidad a la palabra y apuesta a la enunciación; se regula según la distancia entre el decir y el dicho. La escansión de la sesión, como la del tiempo lógico, toma el tiempo como acontecimiento significante y no como lugar de duración mensurable que contiene los enunciados.

http://www.tuanalista.com/Diccionario-Psicoanalisis/7593/Tiempo pag.5.htm las sesiones analíticas. Invención que lo conduce a la expulsión de la Asociación Psicoanalítica Internacional (IPA) fundada por Sigmund Freud. ¿Qué tan poderosa es está innovación lacaniana de la técnica psicoanalítica que es necesario sacar a Lacan de los enseñantes del psicoanálisis? La escansión es quizás la más importante aportación de Lacan a la cura psicoanalítica y a la teoría freudiana. Se basa en la necesidad de crear un Acontecimiento que rompa con las defensas inconscientes del paciente y que al mismo tiempo detenga cualquier resistencia del analista ante lo real. Es decir, la escansión actúa como catalizador de la cura y como vacuna ante las tendencias mesiánicas, altruistas e ideológicas del analista, ante su impulso sacerdotal de dirigir conciencias. La escansión funciona de la misma manera que el pensamiento de Nietzsche como un acto de transvalorización que busca aniquilar los ídolos, ídolos erigidos por el inconsciente como manera de defensa ante la angustia de lo real. La escansión es la manera de producir un corte en la historia del sujeto para que así aparezca lo real.

¿Qué es lo real?: lo innombrable, lo invaluable, la experiencia del no-sentido que abre la posibilidad a un nuevo sentido, distinto del orden de lo imaginario, distinto de la comprensión que es del orden de lo simbólico, sino real que es sin Ley, cuya experiencia en transgresora y que da cuenta del propio deseo. La acción del corte, su objetivo es alcanzar lo real, para que el sujeto cree sus propios valores, al producirse un shock que lo trastoque y lo haga consciente de su vida y así deje de divagar en sus mecanismos neuróticos que buscan reproducir los valores del Otro, los cuales le han impedido vivir.

Lo real es el corte mismo, la escansión en sí mima que deja ver el deseo como ruptura ante la racionalización discursiva del analizante. El neurótico es un sacerdote que busca desesperadamente darle sentido de verdad a sus síntomas, la única manera de curarlo de la verdad del sentido, que es su enfermedad, es establecer el sin sentido de su sufrimiento, para así alcanzar el deseo transgresor que ha sido obturado por sus defesas moralizantes.

El enfermo mental es un enfermo de verdad, es un creyente, un religioso. Y la religión es una neurosis. El neurótico cuya creencia en el Otro lo ha hecho temeroso del mundo, lo ha vuelto cobarde, ha necesitado crear un sentido teleológico de la existencia para ignorar su propio destino. ¿Por qué ignorar el propio destino? Por el miedo a lo real: a la precariedad, a la finitud, a lo inacabado, al caos, al deseo.

El propio destino es lo que Nietzsche denomina: "el sí dionisiaco", la laicidad del sujeto, una manera de vivir la vida como aventura ante el caos del mundo, sin arrepentimiento, con valentía y aceptación, con un espíritu trágico.

Existen ejemplos paradigmáticos que muestran la manera cómo opera el espíritu trágico nietzscheano. En la Biblia, el *Libro de Job* es una muestra el gesto nietzscheano del sin sentido teleológico y del valor de lo trágico. Job es puesto a prueba por Dios para ganar una apuesta con Satanás. Éste con la venia de Dios le manda a Job todas las desgracias, mata a sus hijos, lo hace vivir en la miseria y lo hace padecer la enfermedad con llagas sangrantes y malolientes. Lo invaluable del relato de Job, no es que no reniegue de lo que lo que le ocurre – no es nada paciente Job como generalmente se le representa- él se queja de sus desgracias, pero lo extraordinario en Job es que no se deja convencer por sus tres amigos teólogos, de que sea culpa suya las desgracias impuestas por Dios. Job se mantiene firme, él no es culpable de lo que le acontece: ¡es Dios el que se ha vuelto loco!

Otro ejemplo paradigmático, es el de la diferencia entre el mito de Edipo y el de Antígona. Dos obras inmortalizadas por el genio de Sófocles y según Nietzsche iguales representantes de la tragedia griega. Sin embargo, se distinguen en el lugar que ocupa el saber en ambas. Mientras que Edipo se encuentra enceguecido por el sentido de verdad en las palabras del Oráculo, cumple con el designio de una forma automatizada e irreflexiva con una voluntad reactiva. Es bien sabido que al resolver el enigma de la esfinge, su respuesta es una intelectualización y no la respuesta de un sabio, el sabio nietzscheano hubiera no planteado la generalidad de la respuesta. Ante la pregunta: ¿cuál es el ser vivo que camina a cuatro patas al alba, con dos al mediodía y con tres al atardecer? La respuesta que da Edipo: "es el Hombre", pero lo que debió de haber interpretado es que el enigma se refería a él mismo, a su propia vida. Ya que cuando era pequeño se arrastraba por la hinchazón de sus pies, los cuales habían sido deformados por sus infanticidas padres, luego caminaría en dos en su adultez y al final en tres, porque quedaría ciego y utilizaría un bastón para guiarse por el resto de sus días. Lo que Edipo ignora es lo real de sí mismo para dar cabida a la verdad del Otro, el cual le obnubila el saber sobre sí. Por otra parte, Antígona es consciente de su destino, no se deja manipular por la verdad del Estado, representado por la posición de Creonte, ella sabe lo que quiere y lo que le es justo. Su respuesta es singular y conforme a su deseo. El desenlace dramático no tiene que ver con el desconocimiento de sí, sino por la intransigencia burocratizada sobre la ley del corazón. Es así que Antígona es el paradigma del deseo.

Estos ejemplos literarios nos muestra como el ser humano deposita en el saber de la verdad un escape a lo real del mundo, lo que hace que permanezcamos ignorantes ante nuestra propia vida, ¿no es esto el inconsciente? Es por eso que el psicoanálisis se pone en guardia ante la verdad religiosa, porque en última instancia la búsqueda del saber sería un mecanismo de defensa inconsciente que ignora lo real, en este sentido el psicoanálisis no es el amor al saber sino el horror al saber.

La neurosis consiste en la incapacidad de "ficcionar" la verdad, estar perdidamente amarrado a la moral, al valor que nos impone el Otro, la Cultura. No tener la capacidad de sostener la existencia fuera de la verdad del Otro. Sabemos por Nietzsche que: "no existen los hechos sólo interpretaciones". Esta frase, lo que nos enseña es la separación entre la verdad y el sentido. Lo religioso pretende hacer coincidir la verdad y el sentido por adecuación, lo que siempre lleva a un pensamiento ideológico falso. Por el contrario la ciencia despoja de su sentido único a la verdad, ya que ésta se convierte en una verdad temporal es decir histórica, interpretable y en perspectiva. Mientras que en el pensamiento metafísico la verdad es toda e inmutable.

Lo que Nietzsche (1889) pone de manifiesto con su pensamiento es la supremacía del sentido sobre la verdad. La empresa nietzscheana es laicizar la verdad al romper el sentido con la verdad como Toda. "Yo digo que la filosofía está corrompida por sangre de teólogos. El párroco protestante es el abuelo de la filosofía alemana, el protestantismo mismo, su *peccatum originale* (pecado original)" (Nietzsche, 1989:32).

Es así que el idealismo es una enfermedad que debe ser tratada con el arte nietzscheano, sólo el arte puede generar los anticuerpos que combatan el idealismo y procuren una gran salud, una que vitalice la voluntad de vivir. Nietzsche contrapone el arte a la filosofía. El arte es el paradigma de Nietzsche, el modelo de su pensamiento. Esta elección tiene un fundamento en su praxis: el arte es la acción humana donde está implicada la subjetividad y su relación con la verdad se manifiesta en lo particular, fuera de lo universal teológico. El arte nietzscheano es la puesta en escena del perspectivismo como forma de verdad.

> He llegado extremadamente pronto a tomar en serio la relación entre el arte y la verdad: todavía ahora me encuentro ante esa escisión con sagrado espanto. Mi primer libro el trasfondo de una creencia diferente: que no es posible vivir con la verdad; que la voluntad de verdad es ya un síntoma de degeneración... (Nietzsche, Primavera-verano de 1888/16(40) 7: 687)

Nietzsche ha puesto el énfasis en el arte como paradigma de su perspectiva y como el fundamento de su terapéutica ante el dolor de vivir, en contraposición a la visión sacerdotal del mundo. Pero está terapéutica no es una verdad, sino una ficción que busca dar un sentido al sin sentido del mundo, pero es un sentido particular que ayude a vivir. Una mentira de buena fe contra una supuesta verdad de mala fe que no favorece la vida, ni la autoafirmación, ni la libertad.

> "La vida debe inspirar confianza": el deber, planteado en estos términos, es inmenso. Para cumplir con él, el hombre debe ser por naturaleza un mentiroso,

debe ser, antes que ninguna otra cosa un artista (...).
Metafísica, moral, religión, ciencia, no son más que
criaturas de su voluntad de arte (...). (Nietzsche, citado
por G. Vattimo, 2012:134)

El pensamiento de Nietzsche y el psicoanálisis
lacaniano tiene este mismo fundamento, ya que la
hipótesis del inconsciente permite ver que la verdad
histórica del sujeto es en realidad una novela familiar
neurótica que carga al sujeto de una verdad sacra que
lo lapida. La cura lacaniana consiste al igual que el arte
nietzscheano en producir: "la redención del agente, -de
quien no sólo ve el carácter terrible y problemático de
la existencia, sino que lo vive, y lo quiere vivir, del ser
humano trágico-guerrero, del héroe (...) la redención
del sufriente,-como vía hacia estados en que se
quiere, se transfigura, se diviniza el sufrimiento (...)"
(Nietzsche, Mayo-junio 1888/17 (3)2: 696).

Nietzsche se ha sublevado en contra de la verdad
sacra y con su filosofía precursora del psicoanálisis,
ha combatido a la verdad totalizadora al contraponer
esta verdad sacralizada con el espíritu libre,
alternativa ante la verdad de mala fe. Es así que el
pensamiento de Nietzsche tiene más relación con
la sofistica que con la filosofía de Platón –y como
ha señalado Herbet Frey (2016) en oposición a
Alain Badiou (2015)- la antifilosofía se encuentra
más bien en el cristianismo platónico, en donde la
verdad es planteada como inmutable, ahistórica,
apolítica y deshumanizada. En contraste con la
filosofía nietzscheana que afirma un nuevo saber,

que derrumba todos los ídolos, creando un nihilismo positivo que destruye al gran Otro, para dar cabida al nuevo hombre, aquel cuyos pasos se encuentran ligados a la tierra y al olvido, aquel que llaman superhombre, el cual no es la perfección santificada, sino por el contrario un simple sujeto, cuya virtud yace, en poder asumir sus propias contradicciones, no para superarlas, ni entenderlas, ni enfrentarlas, sino más radicalmente ¡para amarlas!

Conclusiones

Quien se sitúe no en el plano de la psicología individual, sino en el de los textos debe reconocer que éstos no dependen de ninguna "racionalidad" exterior que permita distinguir entre lo "filosófico" o "poético" y lo que sería "delirante".

Camille Dumoulié

En toda la obra de Nietzsche existe un ajuste de cuentas con la verdad judeo cristina, reivindicando el mito como manera de acceder a una multiplicidad de realidades del mundo. ¿Por qué de esta necesidad tan profunda? Nietzsche quiere librarse de la culpa y de la pesadez religiosa de occidente, quiere dar cuenta de un nuevo sentido de vida. Para ello deberá destruir los valores de donde se sustenta la verdad única del mundo occidental, destrucción que dará cuenta de un nuevo proceder metodológico y un nuevo pensamiento: el nihilismo –cuyo origen se encuentra en el escepticismo- pero este acto transgresor de la verdad del mundo, perdería su aptitud para la vida si se quedará en la negatividad. Nietzsche ha comprendido que el primer nihilismo fue el cristiano, el cual devaluó los valores aristocráticos. Para no imitar esta aberración, Nietzsche no sólo niega la verdad como toda, sino construye un nuevo sentido no metafísico, uno que podríamos catalogar como goce de vida.

Lo que la filosofía de Nietzsche ha roto es al gran Otro, el garante de la verdad como única, dando paso al otro con minúscula, creador de su propia valía. Este pasaje no es total, sino un devenir, una transformación inconclusa: el caminar del último hombre al superhombre. Esta transición eterna es el propio superhombre, es lo inconcluso, la imperfección que hace lo perfecto humano. Lo que lo diviniza es la aceptación de su precariedad. La sexualidad y la muerte como fundamento de nuestra condición perfecta. Sólo el enfermo religioso pretendería negar estos dos principios como sagrados. Nietzsche denuncia la perversidad cristiana de negación del cuerpo en tanto imperfección y vicisitud del ideal del Otro.

¿No es acaso este pensamiento religioso lo que domina nuestro mundo tecnificado? La idea de las enfermedades mentales como alteraciones bioquímicas del cerebro, la tristeza y desesperación como disfunciones orgánicas que deben ser erradicadas y no escuchadas, al igual que la risa escandalosa debe ser acallada para así establecer una hegemonía de la normalidad, ideal del sistema capitalista y de la vida sin riesgo.

¿No es acaso negar la diferencia, la excentricidad, al otro transgresor, la manera de olvidarnos de nuestra naturaleza libidinal? ¿Y no es psicótico plantearse un mundo maniqueo de los buenos (normales) y los malos (anormales) en lugar de dar cabida a la multiplicidad de tonos, a los complejos y ambivalentes comportamientos humanos?

Los campos de concentración no vienen como algunos incautos piensan de la filosofía de Nietzsche, sino del platonismo, de los ideales de la República, de la eugenesia y de la verdad como única. No es de sorprenderse que en todo totalitarismo el enemigo siempre sea la anormalidad –cualquier forma que adquiera, desde la locura a la disidencia política, a las vanguardias artísticas. Con Nietzsche, la normalidad queda rota, el ideal destituido.

El nietzscheano trasciende las ilusiones para poder vivir conforme a su naturaleza sexual y finita, la de su singularidad y es ahí, en donde se expresa la cura psicoanalítica: testimonio del sujeto en sus pequeños detalles, es decir en su historia, la cual ya no necesita de un Otro con mayúscula y cuya gran salud se muestra en su satisfacción por crear este vacío donde puede amar al prójimo, porque ese vacío es el lugar donde lo encuentra como a sí mismo.

Siguiendo lo comentado por el filósofo Slavoj Žižek (2011), cuando analizamos al autor Friedrich Nietzsche, no debemos pensar en él, como un pensador que tenía una serie de opiniones sobre la moral, la antigüedad, el cristianismo o la muerte de Dios, sino alguien con un estilo de escritura terriblemente cínico (en el sentido helenístico) que busca provocar en el lector un shock donde se refleja propiamente su filosofía. Este pensamiento se encuentra muy lejos de una argumentación de postulados racionales para convencer al lector, lo que en realidad hace es mostrar lo evidente de la verdad fuera de todo convencionalismo social, produciendo en él un trauma como efecto del encuentro con lo real. Esto quiere decir, que la crítica a la cultura occidental a los valores cristianos, a la moral en general, no se realiza propiamente por el contenido de su discurso, sino en la manera como se expresa ese discurso, en un estilo único el cual en sí mismo es subversivo. Un ejemplo del discurso de Nietzsche (1888): "¿Es Wagner un ser humano en absoluto? ¿No es, más bien una enfermedad?" (Nietzsche, 2003: 201). Es sorprendente leer de un filósofo estas afirmaciones, hay algo terriblemente subversivo y poderoso en el estilo nietzscheano que nos hace pensar en las intervenciones psicoanalíticas de Lacan que buscaban producir una ruptura en el discurso del paciente produciendo un real. Un ejemplo comentado por Jean Allouch: "Lacan después de haber escuchado contar, con tono exaltado, un acto fallido de su analizante: le responde —en suma eso no tiene ninguna importancia-" (Allouch, 1998: 108).

Tanto Nietzsche como Lacan, no creen en el progreso ni en la redención, su elección es el cinismo como manera de intervención psicológica, que trastoca nuestras convicciones inconscientes para liberar al hombre de sus ataduras ideológicas producto de imperativos superyoicos, de ilusiones redentoras que fomentan la obediencia a un Amo y de esta forma, no hacerse cargo de su precaria vida. "El ser humano está corrompido: ¿quién lo redimirá? ¿*qué lo redimirá*? No respondamos. Seamos precavidos. Combatamos nuestra ambición, que quisiera fundar religiones" (Nietzsche, *ibídem*: 207). La idea principal en el pensamiento de Nietzsche y en el psicoanálisis lacaniano es romper con la ilusión de la existencia del gran Otro.

> (...) la respuesta que brindó (Lacan) cundo fue interrogado acerca de cuáles eran las consecuencias que sus enseñanzas arrojaban para la política. Sostuvo en esa ocasión: que no hay progreso; que lo que se gana por un lado, se pierde, pero que, como se sabe lo que se ha perdido, uno siempre piensa que ha ganado. (Harari, 1990: 51)

Para lograr evadir una posición enajenada del mundo el nietzscheano y el psicoanalista deben ser cínicos para dar cuenta de la impostura religiosa. Es así que Nietzsche nos advierte en su clásico estilo provocador de alejarse de los ídolos que corrompen el verdadero instinto musical en la personificación idealizada de Wagner: "Hay que ser cínico para no sucumbir a está seducción, hay que saber morder para no ponerse aquí adorar. ¡Muy bien, viejo seductor! (refiriéndose a Wagner) El cínico te advierte –*cave canem* (ten cuidado con el perro)..." (Nietzsche, *ibídem*: 231).

Es necesario reconocer en Nietzsche al cínico como manera de acceder realmente al sentido de su filosofía. No debemos confundir las afirmaciones ególatras de Nietzsche como efecto psicopatológico, sino más bien como una manera de provocación al Otro, a la comunidad filológica y filosófica, a sus contemporáneos, en fin a la tradición occidental cristiana en donde se refleja la humildad y la minusvalía como valores, Nietzsche se opondrá ferozmente ante esta visión del mundo y qué mejor manera de atacar estos valores que con la crueldad de sus opiniones como manera de destruir los valores cristianos. El desafío de Nietzsche es llevar hasta sus últimas consecuencias la provocación de lo políticamente incorrecto y no sucumbir a la compasión tranquilizante. Es esta radicalidad la que en verdad hace del pensamiento nietzscheano subversivo y en la que nos convoca si en verdad somos nietzscheanos a comportarnos como cínicos, es así como lo evidencia Giorgio Colli: "También es sorprendente verlo decir (a Nietzsche), en el *Ecce hommo*, que él alcanzó en sus libros, en algunas partes, el grado más alto que se pueda alcanzar sobre la tierra, el cinismo" (Colli, 2000: 56). Este cinismo es a nuestro entender el núcleo duro del encuentro entre Lacan y Nietzsche, el cual nos deja ver la dimensión filosófica de la locura, al establecer una ruptura con la oposición racionalista entre razón y locura, yendo más allá de "los modernos" para reconfigurar a partir de la relectura de la antigüedad clásica un nuevo saber sobre los social, no para recuperar un pasado perdido o para volver a valores antiguos, sino para ser verdaderamente modernos para trascender el pensamiento religioso escondido en un supuesto ateísmo que no ha terminado por eliminar la metafísica de nuestra modernidad y en cambio ha favorecido el nihilismo espiritual al sustituir al sujeto por la estandarización universalista de la ciencia y de la técnica al servicio del Capital que busca excluir a lo singular del discurso social donde prevalece, lo que tanto denuncio Nietzsche una visión unidimensional y monopólica del mundo, un mundo totalitario que responde solamente a los intereses económicos, cuyo Amo es el negocio sobre el preciado ocio, el que tanto defendió Nietzsche y que tan caro es a la filosofía, en tanto un saber que no sirve para nada, es decir que no sirve a ningún Amo. La denuncia del psicoanálisis y el pensamiento de Nietzsche es develar la psicopatología de la normalidad, normapatía que los cínicos habían denunciado y que evidencia el lugar del inconsciente en nuestra realidad humana. La tradición del desenmascaramiento que nos muestra lo artificioso del discurso social y la represión del deseo.

> De alguna manera, consideraban (los cínicos) que la sociedad estaba compuesta por locos sueltos. La acción del cínico apuntaba a hacer caer la máscara de sus locuras, confrontando a los hombres –tal vez de un modo repentista e inopinado –con las imposturas que los constituyen. (Harari, *ibídem*: 55-56)

Al realizar una lectura lacaniana de Nietzsche nos ha proporcionado una concepción de la moral como síntoma y una crítica radical al concepto de religión como algo mucho más abierto que el Dios monoteísta, donde se incluye también el totalitarismo cientificista y político. Esta nueva concepción nos abre las puertas para destituir la dicotomía normal y patológica dentro de la clínica mental para afirmar una concepción terapéutica no médica sino filosófica de hacerse cargo del deseo, en tanto este deseo es individual y se encuentra diferenciado de la imposición del deseo del Otro.

La influencia de Nietzsche marcó el interés de Lacan en la filosofía como medio para desarrollar su pensamiento, ubicándose con ello en la tradición de la moralística. Esta tradición proclamó como la moral influye de manera decisiva en la instauración de la enfermedad mental, es así que el psicoanálisis a partir de su "malestar en la cultura" da continuidad a la reflexión del análisis de la moral cultural con base en la clínica del inconsciente, clínica reinventada con Lacan como respuesta al mandato de goce de la modernidad.

Mostramos a partir de los postulados lacanianos que la búsqueda desasosegada de Nietzsche por encontrar sentido a su sufrimiento subjetivo a través de su obra, creó lo que Lacan denomina, "*sinthome*", lo que posibilita anudar lo imaginario, lo simbólico y lo real a través de un cuarto lazo. El *sinthome*: "es, en sentido estricto, un elemento particular que subvierte su propio universal, una especie subvirtiendo su propio género" (Žižek, 1992:47).

Por lo tanto el *sinthome* de Nietzsche surge como el exceso que es una condición necesaria del universal moral inscrita en su núcleo familiar. Como el universal es siempre falso, esto es siempre una abstracción hegemónica de un particular, como puede ser el valor ascético judeo-cristiano y por tal necesariamente habrá un elemento excluido, como por ejemplo la sensualidad. El *sinthome* es este elemento.

Slavoj Žižek considera el goce como el factor de placer en la excepción constitutiva de universalidad. En este sentido el *sinthome* es un modo de goce ligado con la escritura. Una manera de conciliar la locura y el sufrimiento del hombre Nietzsche producto de la desmentida familiar del Padre-Dios/Madre-fálica que en el autor Nietzsche cobra una dimensión histórica para el pensamiento filosófico.

El *sinthome* de Nietzsche le garantiza la presencia del Padre dividido y la preservación del vínculo con él, creando con ello su filosofía subversiva y su concepción trágica de la existencia que tiene profundos ecos en la ética del psicoanálisis como expresión del lugar que ocupa el sufrimiento psíquico creador ante un sufrimiento psíquico paralizante.

También hemos abordado como Lacan radicaliza el axioma nietzscheano de "Dios ha muerto" con tesis como "Dios es inconsciente" -verdadera postura del ateísmo según Lacan- conjugados en su aforismo "Dios no cree en Dios", postura radicalmente antimetafísica. Así, en el Seminario *La ética del psicoanálisis* Lacan asume una vez más el enunciado "Dios ha muerto" como verdad histórica de nuestra época, Incluso plantea que Freud elabora el mito del asesinato del Padre en *Tótem y Tabú* y *Moisés y la religión Monoteísta* a partir de allí. Lacan retomará la tesis freudiana central de la muerte del Padre, pero haciendo de Cristo el portador del enunciado de esta muerte teniendo con ello un encuentro traumático con la filosofía de Nietzsche donde se evidencia la inexistencia del Otro.

Para concluir debemos responder la pregunta que nuestra investigación nos ha ayudado a forjar: ¿Cuáles son las intuiciones y sospechas sobre la naturaleza humana de las que el psicoanálisis es heredero y continuador de la filosofía de Nietzsche? Que la vida humana es precariedad no asumida pero resentida, que no hay un Otro todo poderoso al cual poder acudir para salvarnos pero tampoco hay un Otro que nos condene al infierno del mundo del cual somos residentes. Que nuestro deber como seres humanos es el de divinizar el sufrimiento y con ello al ser humano, despojándolo de su idealización enfermiza que niega lo trágico de la existencia, que deniega de la desesperación y de la crueldad en la alegría de vivir. Quizás podamos ejemplificar contundentemente lo lacaniano del pensamiento de Nietzsche con el aforismo sobre la muerte de Dios, ya que su pronunciamiento es realizado por un loco, locura que nos enseña clínicamente que no existe oposición entre la locura y la razón, ni tampoco entre el placer y el dolor, la diferencia es de grado, dado que el loco del aforismo 125 de *La gaya ciencia* es el que devela la verdad de la no existencia del Otro, es una locura lúcida que denuncia el asesinato de Dios por parte del hombre, y al mismo tiempo que produce terror por la crudeza de la ausencia metafísica del mundo, también es causa de una nueva libertad, un nuevo horizonte, mucho más abierto y extenso como nunca ha existido, la emancipación y la abisal angustia de no estar anclado a ninguna verdad exterior que no sea la propia: la de su poder de vida.

Bibliografía por capítulos

Capítulo 1.- Lo-cura de Nietzsche

Assoun, P.L., 1984, *Freud y Nietzsche*, Fondo de Cultura Económica, México.

Bunge, M., 1969, *La investigación científica*, Ariel, Barcelona.

Dalí, S., 2004, *El mito trágico del "Angelus" de Millet*, Tusquest editores, Barcelona.

Düring, I., 2005, *Aristóteles*, Instituto de Investigaciones Filosóficas, UNAM, México.

Ellenberger, H., 1976, *El descubrimiento del inconsciente*, Editorial Gredos, Madrid.

Ferrater, J., 2009 *Diccionario de filosofía*, Ariel, vol. I, II, III y IV, Barcelona.

Freud, S., 1994, "La interpretación de los sueños", Amorrortu editores, Buenos Aires, vol. V, *Obras Completas.*

Frey, H., 2013a, *En el nombre de Diónysos Nietzsche el nihilista antinihilista*, Siglo XXI editores, México.

-----, *Nietzsche: La reescritura de la enfermedad y la superación imaginaria de la decadencia*, Revista Fractal, México. 2013b

-----, 2011, *Nihilismo y arte de la vida. Entre Montaigne y Nietzsche*, Revista ITAM, México.

Hadot, P., 2000, *¿Qué es la filosofía antigua?*, Fondo de Cultura Económica, México.

Harari, R., 1990, *Fantasma: ¿fin del análisis?*, Editorial Nueva Visión, Buenos Aires.

Lacan, J., 2008 "Aun", Paidós, Buenos Aires, vol. XX, *El Seminario.*

----, 2007a, *Intervenciones y textos 2*, Manantial, Buenos Aires.

----, "La angustia", Paidós, Buenos Aires, vol. X, *El Seminario. 2007b.*

----, 2006a, "El sinthome", Paidós, Buenos Aires, vol. XXIII, *El Seminario.*

----, "Los cuatro conceptos fundamentales del psicoanálisis" Paidós, Buenos Aires, vol. XI, *El Seminario.* 2006b.

----, *"Las psicosis"*, Paidós, Buenos Aires, vol. III, *El Seminario.* 2006c.

----, 2004a, "El reverso del psicoanálisis", Paidós, Buenos Aires, vol. XI, *El Seminario.*

----, *"El yo en la teoría de Freud y en la técnica psicoanalítica"*, Paidós, Buenos Aires, vol. II, *El Seminario.* 2004b.

----, 2001, *Escritos*, Siglo XXI editores, vol. 1 y 2, México.

----, 1984, "El atolondradicho", Escansión, vol. 1, pp.15-73.

Miller, J-A., 2005, *El saber delirante*, Paidós, Buenos Aires.

----, 2003, *La experiencia de lo real en la cura psicoanalítica*, Paidós, Buenos Aires.

Nietzsche, F., 2014, *La gaya ciencia*, Akal, Madrid.

----, 2011a, *Ecce homo*, Alianza editorial, Madrid.

----, *Genealogía de la moral*, Alianza editorial, Madrid. 2011b.

----, 2006, *Fragmentos póstumos (1885-1889)*, Editorial Técnos, Madrid, vol. IV.

Overbeck F., 2009, *La vida arrebatada de Frederich Nietzsche*, editorial Errata Nature, Madrid.

Le Blanc, G., 2010, *Las enfermedades del hombre normal*, Nueva Visión, Buenos Aires.

Postel, J. y Claude Quétel, 2000, *Nueva historia de la psiquiatría*, Fondo de Cultura Económica, México.

Roudinesco, É., y Michel Plon, 1994, *Diccionario de psicoanálisis*, Paidós, Buenos Aires.

Silesius, J.A., 2005, *El peregrino querúbico*, Ediciones Siruela, Barcelona.

Szasz, T., 1994, *El mito de la enfermedad mental*, Amorrortu editores, Buenos Aires.

Žižek, S., 2005, El títere y el enano, el núcleo perverso del cristianismo, Paidós, Buenos Aires.

-----,1994, (comp.) *Todo lo que usted quería saber sobre Lacan pero nunca se atrevió a preguntarle a Hitchcock*, Manantial, Buenos Aires.

-----,1992, *El sublime objeto de la ideología*, Siglo XXI editores, México.

Capítulo 2.- **Dios no cree en Dios**

Arendt, H., 1999, *Eichmann en Jerusalén: un estudio sobre la banalidad del mal.* Lumen, Barcelona.

Blumenberg, H., 2003, *Trabajo sobre el mito.* Paidós, Barcelona.

Braunstein, N., 2014, "The God of psychoanalysts", *European Journal of Psychoanalisis*, versión electrónica. Published by I.S.A.P. - ISSN 2284-1059.

Campioni, G., 2004, *Nietzsche y el espíritu latino*, El cuenco de plata editorial, Buenos Aires.

Chemama R., y Bernard Vandermersch, 2004, *Diccionario del psicoanálisis,* Amorrortu Madrid.

Descartes, R., 2009, *Meditaciones Metafísicas: acerca de la filosofía primera, en las cuales se demuestran la existencia de Dios y la distinción real del alma y el cuerpo del hombre*, traducción, introducción y notas de Pablo E. Pavesi, Prometeo Libros, Buenos Aires.

Foucault, M., 2002, *Vigilar y castigar*, Siglo XXI editores, México.

Freud, S., 1994, "El simbolismo del sueño", Amorrortu editores, Buenos Aires vol. XV, *Obras Completas.*

Kant, I., 2005, *Crítica de la razón práctica*, editorial Fondo de Cultura Económica, México.

Klossowsky, P., 2004, *Nietzsche y el circulo vicioso*. Arena Libros, Madrid.

Lacan, J., 2009, "De un discurso que no fuera del semblante", Paidós, Buenos Aires, vol. XVIII, *El Seminario*.

----, 2008, "De un otro al Otro", Paidós, Buenos Aires, vol. XVI, *El Seminario*.

----, 2006a, "El sinthome", Paidós, Buenos Aires, vol. XXIII, *El Seminario*.

----, "La angustia", Paidós, Buenos Aires, vol. X, *El Seminario*.2006b.

----, "*Las psicosis*", Paidós, Buenos Aires, vol. III, *El Seminario*.2006c

----2001, *Escritos*, Siglo XXI editores, vol. 1 y 2, México.

Maleval, J.C., 2009, *La Forclusión del Nombre del Padre*, Paidós, Buenos Aires.

Marx, K., 1980, *Contribución a la crítica de la economía política*, Siglo XXI

Miller, J-A., 2003, *La experiencia de lo real en la cura psicoanalítica*, Paidós, Buenos Aires.

Nietzsche, F., 2014, La gaya ciencia, Akal editorial, Madrid.

----, 2011a, *Más allá del bien y del mal*, Alianza editorial, Madrid.

----, *Genealogía de la moral*, Alianza editorial, Madrid. 2011b.

----, 2009, El ocaso de los ídolos, Tusquets editorial, Madrid.

----, 2006a, *Fragmentos póstumos (1885-1889)*, Editorial Técnos, Madrid, vol. IV.

----, *Fragmentos póstumos (1882-1885)*, Editorial Técnos, Madrid, vol. III. 2006b.

Heidegger, M., 2013, *Seminarios de Zollikon*, traducción de Ángel Xolocotzi Yáñez, Herder editorial, México.

Roudinesco, É., y Michel Plon, 1994, *Diccionario de psicoanálisis*, Paidós, Buenos Aires.

Sagols, L., 2006, *¿Ética en Nietzsche?*, Fontamara, México.

Vanier, A., 1998, Léxico de psicoanálisis Editorial Síntesis, Madrid.

Žižek, S., 2000, *Mirando al sesgo*, Paidós, Buenos Aires.

-----,1992, *El sublime objeto de la ideología*, Siglo XXI editores, México.

Capítulo 3.- **El eterno retorno de la subjetividad**

Alemán, J., 2000, Lacan: Heidegger, Miguel Gómez ediciones, Madrid.

Althusser, L., 1996, Escritos sobre psicoanálisis Freud y Lacan, Siglo XXI editores, México.

----, 1968, La revolución teórica de Marx, Siglo XXI editores, México.

Assoun, P-L., 1984, Freud y Nietzsche, Fondo de Cultura Económica editores, México.

Braunstein, N., 2015, El goce, un concepto lacaniano, Siglo XXI editores, México.

----,2012, Traducir el psicoanálisis, Paradiso editores, México.

Balmès, F., 2002, Lo que Lacan dice del ser, Amorrortu editores, Buenos Aires.

Blumenberg, H., 2003, Trabajo sobre el mito. Paidós, Barcelona.

Ferrater, J., 2009 Diccionario de filosofía, Ariel, vol. I, II, III y IV, Barcelona.

Freud, S., 1994a, "Más allá del principio del placer", Amorrortu editores, Buenos Aires, vol. XVIII, *Obras Completas*.

----, "El porvenir de una ilusión", Amorrortu editores, Buenos Aires, vol. XXI, *Obras Completas*.1994b.

Frey, H., 2005, Nietzsche, Eros y occidente, Instituto de Investigaciones Sociales, UNAM, México.

Gilardi, P., 2013, Heidegger: la pregunta por los estados de ánimo (1927-1930), Bonilla Artigas editores, México.

Gramsci, A., 1975, El materialismo histórico y la filosofía de Benedetto Croce, Juan Pablo Editor, México.

Heidegger, M., 2014, Nietzsche, Editorial Ariel, Barcelona.

Lacan, J., 2005, El triunfo de la religión (precedido de discurso a los católicos), Paidós, Buenos Aires.

----, 2004 "El yo en la teoría de Freud y en la técnica psicoanalítica", Paidós, Buenos Aires, vol. II, El Seminario.

----, (1961-1962) "La identificación", El Seminario 9, Inédito, versión mecanografiada.

Le Blanc, G., 2010, Las enfermedades del hombre normal, Nueva Visión, Buenos Aires

Miller, J-A., 2014, Sutilezas analíticas, Paidós, Buenos Aires.

Nietzsche, F., 2014, La gaya ciencia, Akal editorial, Madrid.

----, 2011a, Más allá del bien y del mal, Alianza editorial, Madrid.

----, Genealogía de la moral, Alianza editorial, Madrid. 2011b.

----, "Escritos de juventud, editorial Tecnos, vol. I, Obras Completa, Madrid. 2011c.

----, 2009, El ocaso de los ídolos, Tusquets editorial, Madrid.

----,2006a, Fragmentos póstumos (1885-1889), Editorial Técnos, Madrid, vol. IV.

----, Fragmentos póstumos (1882-1885), Editorial Técnos, Madrid, vol. III. 2006b.

Safranski, R., 2010, Un maestro de Alemania (Martin Heidegger y su tiempo), Tusquets editores, México.

----,2001, Nietzsche, biografía de su pensamiento), Tusquets editores, México.

Sartori, G., 1997, Homo videns. La sociedad teledirigida Taurus, Madrid.

Tort, M., 1970, La psychanalyse dans le materialismo historique" en Novelle revue de psychanalyse, núm. 1.

Žižek, S., 1992, El sublime objeto de la ideología, Siglo XXI editores, México.

CAPÍTULO 4.- Psicopatología de la moral

Badiou, A., 2015, "Nietzsche, L´antiphilosophie I (1992-1993)" Le séminaire, Fayard, Paris.

Milner, J-C., 1996, La obra clara, Lacan, la ciencia, la filosofía, Bordes Manantial, Buenos Aires.

Nietzsche, F., 2014, La gaya ciencia, Akal editorial, Madrid.

----, 2011a, Más allá del bien y del mal, Alianza editorial, Madrid.

----, Genealogía de la moral, Alianza editorial, Madrid. 2011b.

----, "Escritos de juventud, editorial Tecnos, vol. I, Obras Completa, Madrid. 2011c.

----, 2009, El ocaso de los ídolos, Tusquets editorial, Madrid.

----,2006a, Fragmentos póstumos (1885-1889), Editorial Técnos, Madrid, vol. IV.

----, Fragmentos póstumos (1882-1885), Editorial Técnos, Madrid, vol. III. 2006b.

----, 1987, El anticristo, Traducción y notas de Andrés Sánchez Pascual, Círculo de lectores, Colombia.

Ons, S., 2011, "Nietzsche, Freud, Lacan" en Lacan: los interlocutores mudos, Slavoj Žižek editor, Akal editorial, Madrid. Pp.107-120.

Vattimo, G., 2012, *Introducción a Nietzsche*, RBA, Barcelona.

Žižek, S., 2011a, *El títere y el enano, el núcleo perverso del cristianismo*, Paidós, Buenos Aires.

CONCLUSIONES

Allouch, J., 1998, *Hola... ¿Lacan? Claro que no,* Editorial Psicoanalítica de la Letra. A.C. México.

Colli, G., 2000, *Après Nietzsche*, Éditions de L'Éclat, Paris.

Dumoulié, C., 1996, *Nietzsche y Artaud, por una ética de la crueldad,* Siglo XXI Editores, México.

Harari, R., 1990, *Fantasma: ¿fin de análisis?*, Editorial Nueva Visión, Buenos Aires.

Nietzsche, F., 2003, *Escritos sobre Wagner*, Introducción, traducción y notas de Joan B. Llinares, Editorial Biblioteca Nueva, Madrid.

Žižek, S., 2011, *El títere y el enano: el núcleo perverso del cristianismo,* Paidós Buenos Aires.

-----,1992, *El sublime objeto de la ideología*, Siglo XXI editores, México.